家装全能王

监工验收全能王

理想·宅 编

HOME.

U0340795

中国电力出版社
CHINA ELECTRIC POWER PRESS

内容提要

本书以浅显易懂的文字结合实用性为主的图片，从验房、收房开始到后期的装修验收，做了一个详细的讲解，不仅包括每个工序的规范施工步骤，还加入了以知识点出现的监理重点，使整个流程变得清晰，让准备装修的业主对家庭装修过程中"什么时间做哪项工作"有一个整体性的概念。本书不仅适合业主阅读，也同样适合初入装饰行业的设计人员阅读和参考。

图书在版编目（CIP）数据

监工验收全能王 / 理想·宅编 . — 北京：
中国电力出版社，2016.9
　（家装全能王）
　ISBN 978-7-5123-9593-0

　Ⅰ．①监… Ⅱ．①理… Ⅲ．①住宅－室内装修－工程
验收－基本知识 Ⅳ．① TU767

中国版本图书馆 CIP 数据核字 (2016) 第 174885 号

中国电力出版社出版发行

北京市东城区北京站西街19号　　　100005　　　http://www.cepp.sgcc.com.cn
责任编辑：曹　巍　　责任印制：蔺义舟　　责任校对：王小鹏
北京博图彩色印刷有限公司印刷·各地新华书店经售
2016年9月第1版·第1次印刷
710mm×1000mm 1/16·12印张·239千字
定价：49.80元

前言

　　如果没有做足准备就匆忙开始装修，在入住后难免会发现大大小小的问题，不仅影响美观，严重的还会危及生命安全。紧抓装修的质量不是从装修开始，而是先要从验房做起，只有房屋的各种管线、墙体等验收合格，装修才能够避免很多问题。

　　本书由理想·宅（Ideal Home）倾力打造。书中涵盖了从验房、收房开始到装修结束的监理重点，还详细地讲解了每个工序的规范施工步骤，使业主的监工过程变得更为清晰、明确。本书不仅适合普通业主阅读，还适合刚刚入行的设计师。

　　参与本套书编写的有赵利平、武宏达、杨柳、黄肖、董菲、杨茜、赵凡、刘向宇、王广洋、邓丽娜、安平、马禾午、谢永亮、邓毅丰、张娟、周岩、朱超、王庶、赵芳节、王效孟、王伟、王力宇、赵莉娟、潘振伟、杨志永、叶欣、张建、张亮、赵强、郑君、叶萍等人。

前言

PART 1

新房验收常识

PART 2

装修施工验收常识

PART 1
新房验收常识

验收新房需要知道的

收到入住通知单后，很多业主都会非常兴奋，急于入住，而匆忙地进行验房，忽略了很多细节部分，导致后期装修时问题层出不穷。此时应按捺住急切的心情，对房屋进行严格的验收，全部合格后再收房。验房都包括哪些方面呢？本章将详细讲解。

一、收到入住通知单后要做的准备

收到入住通知单，并不等同于可以安心地安排装修等后续事项，还有一个关键的事项——验房，收房的首要原则就是：不签字、不缴费、先验房。

新房的验收是一个至关重要的环节，它关系着居住的安全性，也关系着后期的装修质量。如果第一次验收新房，没有经验容易遗漏项目，可以找有经验的朋友，或者聘请专业的验房人员陪同进行。此外，建议准备好应有的工具，以辅助验房。

⚙ 验房需要准备的工具

验房需要准备的工具有哪些呢？

房屋中有很多隐蔽工程，很难完全靠肉眼辨别，如果聘请专业验房人员，他们会自备专业工具，若自己验房就需要准备一些小工具，使验房更顺利地完成。

工具名称	用途	实用度
水盆或小水桶	用来验收上水管道	★★★
空鼓锤	检验墙体和地面是否存在空鼓	★★★★★
塞尺	测量裂缝的宽度	★★★
5米长的卷尺	可用来测量顶梁、窗框、卫生间高差、层高和房屋面积	★★★★★
万用表	测试强、弱电插座是否畅通	★★★
乒乓球	检测卫生间地面倾斜度	★★★
手电筒	查看房屋主体结构，看墙壁是否平直，有没有凸出或者凹陷的部分	★★★

工具名称	用途	实用度
直角尺	检测门窗直角是否成90°	★★★
相位检测仪	检测插座接线是否正确	★★★★★
打火机、纸	用于检测厨房的烟道排风是否通畅	★★★★
记事本、笔	记录及签字	★★★
塑料袋、包装绳、废报纸	验房后用来封闭排水管道	★★★★

▼ 从左侧开始下方工具依次为：空鼓锤、塞尺、卷尺、万用表、直角尺及相位检测仪。

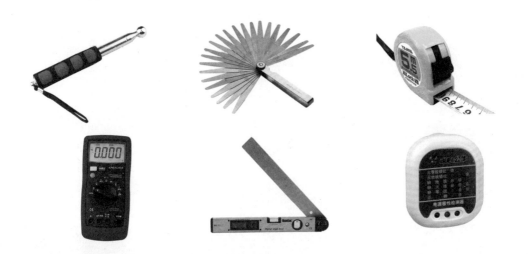

验房秘笈支招

001选好时间，避免高峰期

确定了交房时间后，建议大家避开第一、第二天，这两天同时验房的人会很多，而房产商方面陪同验收房子的人不会有太多时间仔细地陪同大家去看房子，因此建议在第三天或第四天验房最佳。

整个验收时间一般持续2~3小时，8：30或14：30这两个时间开始较为合适。

监工验收全能王

二、验房的流程

准备好工具后，需要去物业查阅房屋应具备的资料，核实文件上的数据，确认后，带走需要业主保留的部分，就可以跟物业部门陪同验房的人约定时间，开始进行验房了。

验房流程详解

准备验房工具或联系专业验房人员

核对检验物业提供的房屋业主材料

领取房屋钥匙，与陪同人员一同验房 开始进行房屋验收

发现问题，应就存在的问题提出质询、改进意见及解决方案　　检验合格

与开发商协商并签订协议，无法在15日内解决的，双方应就解决方案及期限达成书面协议 交接钥匙，签订《物业合同》及《业主公约》

缴纳剩余费用及物业费，可以开始准备房屋装修，精装房直接入住

验房注意事项 ⚙

①对照验房表验收。在验收房屋时一定要对照验收检查表逐一验收并做好记录，且记得向开发商索要验收表留存。

②避免开发商人员陪同。进行验房时，最好不要让开发商方面的有关人员陪同，业主没有经验很容易被他们的意见左右。

③一定要验房。如果没有验房就收房，在以后的使用过程中出现严重问题，就无法明确责任，容易与开发商产生纠纷。

④对检验机构检验结果备案。若验房过程中发现严重的质量问题，如果开发商声明该房屋通过质量监督机构验收合格，有权要求对检验情况进行备案。

⑤开发商没有履行协议，业主有权索赔。如果对于存在的问题，与开发商签订了解决协议但没有按时完成，并影响了房屋的正常使用，业主有索赔权利。

⑥多出面积没有被告知可随意处置。如果房屋的面积超出了所购买的面积且开发商没有提前告知，业主可以随意处置房屋多出面积。

⑦面积小有权索赔。若房屋面积明显小于所购买的面积，业主有权要求索赔。

⑧根据保修期包修。房屋在开始使用后，若仍然有质量问题，可以按照合同上的保修期要求开发商予以解决。

⑨多与周围业主交流。可以同周围的业主多进行交流，以互相帮助的形式获得更多关于房屋的使用信息。

✐ 验房秘笈支招

002 专业验房公司需要具备的资格

★如果聘请专业验房人员，需要查看该公司及人员是否有行业许可证，以保证能够帮助自己检验房屋质量。

正规的验房机构应具有《营业执照》《税务登记证》《组织机构代码证》等营业资格证及正规的办公场所。

★"验房师"应具备丰富的建筑行业经验，具备土建、水电、装饰装修、暖通等相关专业知识，并能够熟练地运用各种专业检验仪器，且熟知国家房屋验收标准。

★除了以上两点，还应了解验房机构是否规范，能否能中立地，以客观、公正的角度进行房屋的检验，并提供给业主专业的意见。最好能查阅公司以往案例，进行详细了解。

三、收房验房时需要的文件

验房之前要记得去开发商那里查看房屋的相关文件，通过文件核对通知入住的房屋与自己所购的房屋面积是否符合、开发商是否有对保修期及范围作出承诺等。

🔧 验房文件种类

验房需要的文件有哪些呢？

验房文件包含很多种类（见下表），其中最为重要的是前三种，建议妥善保存，以保证业主权益。

文件名称	内容	重要程度
竣工验收备案表	表示房屋的建设单位，在竣工验收合格之后15日内，向所在地的县级以上人民政府建设行政主管部门做的登记手续	★★★★★
住宅质量保证书	是房地产开发商将新建成的房屋出售给购买人时，针对房屋质量向购买者做出承诺保证的书面文件，具有法律效力。开发商应依据住宅质量保证书上约定的房屋质量标准承担维修、补修的责任（可带走）	★★★★★
住宅使用说明书	对住宅的结构、性能和各部位(部件)的类型、性能、标准等作出说明，并提出使用注意事项（可带走）	★★★★★
房屋竣工验收证明书	根据《建筑法》中"建筑工程竣工经验收后，方可交付使用。未经验收或者验收不合格的，不得交付使用"的规定，后期的质量问题一旦发生，就可以该文件进行维权	★★★★
竣工图	建议妥善保存，为维修提供参考（水、电、结构图等）	★★★★
商品房面积测绘技术报告书	房产管理局出具	★★★★
用水合格证	卫生防疫部门出具	★★★
燃气工程验收证书	燃气主管部门出具	★★★
电梯验收结果通知单	质量技术监督部门出具	★★★

要求出具两书

不要因为任何原因急于收房，建议先审核开发商的相关法律文件是否齐全，必要时可以要求核对原件。根据《商品房买卖合同》，双方进行验收交接时，开发商应出示《住宅质量保证书》和《住宅使用说明书》。若开发商不能提供上述文件，业主有权拒绝收房，由此产生的责任由开发商承担。

核对面积很重要

面积结算是重要的一环，需要携带合同或副本，核对售楼合同附图与实际所得是否一致。期房的销售面积是契约面积，而在完工后，开发商还应请测绘单位对已完工的房屋进行实测，该实测面积，才是开发商和业主要进行面积结算的依据。房屋面积是否经过房地产部门实测、合同签订面积的核对是需要重点注意的。

文件不全可拒收

开发商提供的文件若不完整，即便该房屋不存在质量问题，在法律上也不能示为房屋已交付业主。业主有权要求开发商承担逾期交房的违约责任，拒绝签字。

确认面积差数值

首先仔细阅读售房合同，确认面积误差的数值，一般为3%（建议在签订合同时定为2%），因此3%之内不用考虑，若超出较多，则应进行处理。

验房秘笈支招

003 不要急着交钱、保持耐性

★在验房之前，先不要急于缴纳物业费等相关费用，若物业催你缴费，可同他们协商在验收合格后，再缴费。

★物业给的钥匙和设备应包括楼门钥匙、进户门钥匙、信箱钥匙、水表、电表等。

★验收房屋的整个过程需要有绝对的耐心和细心，在这之前，既不要急着收房，也不要因为人多而向工作人员发脾气，保持心平气和，以良好的心态和开发商、物业公司配合好才能够较好地解决发现的问题，顺利地接收房屋。

四、验房的重点

验房包括门、窗、房屋主体、水电、暖气等多种项目，独栋别墅还包括外立面材料的检验。

门很容易遗漏 ✿

门的检验很容易被遗漏，很多业主拿到钥匙后都会兴冲冲地奔进室内，把检验的重点放在了墙面、地面等部位，而被漏掉的门，恰恰是很容易出现问题的地方。在入户之前建议仔细地检查防盗门，而后检查门框，门框外斜会直接影响日后的使用，最重要的是门锁，是否使用流畅，这关系到人身安全。

不要忘记检验窗 ✿

窗也是很容易落掉的项目，入户后可以先验窗，仔细看窗玻璃，是否有杂物、水痕、划痕、玻璃夹层中是否存有水汽；窗框是否正方且与窗平行，窗的开启关闭是否正常，窗敞开后夹角能否达到90°，再用手摸窗外是否贴了防水条，最后记得检查纱窗是否安装妥当。

墙面面积最大 ✿

墙面是室内面积最大的地方，每个房间的墙面都要仔细地检查，看它们是否平整，若不平整将影响后期装修。尤其是厨房、卫生间，应注意墙面是否有空鼓，若有空鼓后期贴砖后很容易造成脱落。

地面应平整 ✿

地面主要检查是否平整，存不存在开裂、空鼓的现象。如果有空鼓，与墙面一样，后期铺地面砖很容易起拱。

检测墙面和地面是否平整，如果没有先进的仪器，可以找一块平整的板子，将其靠在墙面或平放在地面上，观察板子与墙面及地面之间的缝隙，若小于2mm为正常范围内允许误差，如果缝隙过大，则说明问题很严重，需要找物业来解决。

水路关系到健康 ✿

人是离不开水的，水路关系到身体健康，一定要仔细检查。在毛坯房中，用水较多的卫生间、厨房里水管线都是布置好的，但基本上不会安装水龙头。重点查看管道的材质而后测试一下下水道是否堵塞。卫生间应有防水，可以在装修前做闭水试验，24小时之后看是否存在漏水的现象，若有则需要重新做防水。

暖气及通风系统 ✿

①暖气。北方大部分地区都会安装暖气，它最容易出现的问题就是漏水，要仔细观察管道与散热器的连接部分，若冬天验房，建议携带温度计，测试室内温度。

②通风系统。厨房及卫生间的的排烟、排风系统很容易被忽略，若堵塞而没有检验，日后油烟及潮气没有办法及时排出室外，会造成严重的困扰。

电路关系到健康 ✿

毛坯房中通常会安装简易的灯泡，验房时开关一下，看是否运作正常。房间中的插座也不要遗忘，可以用试电笔来测试每个插座是否都有电。虽然装修时还要重新布置电路，但仍是在现有基础上操作，所以验房时各个电路分支均应畅通，以保证后期正常使用。

所有的"表" ✿

①燃气表。用冒烟的卷纸放到燃气报警装置附近，检验其是否灵敏；查看表的数是否从零开始，特别要注意阀门，搬动时有没有阻碍感。

②水表、电表。查看水表、电表的数字是否从零开始，检查水表阀门及电闸运作是否正常。

🖊 验房秘笈支招

004 认真核对有许诺条件的合同

在签订购房合同时，有的开发商会许诺很多条件，并约定相关的交楼标准。例如入户门的档次、楼宇对讲机的类别型号等。如有此类情况，在验房时要特别核对一下，发现随意降低标准或没有沟通就更改，可根据合同的约定要求发展商承担相应的责任。

五、毛坯房的验收标准

若不聘请专业人员自己检验，很容易丢项漏项，可以事先准备一张表格，把需要检验的项目罗列出来，检验合格后打钩，就不容易丢失项目，避免后期出现问题与物业混淆责任。若表格内的全部项目全部通过检验，则说明该房屋符合要求，为合格。

检验项目	内容	是否合格	问题备注
文件	产权文件：《国有土地使用权证》是否有抵押记载	是□ 否□	
	质量文件：《住宅使用说明书》《住宅质量保证书》《竣工验收备案表》	是□ 否□	
	验收文件：《住户验房交接表》、《楼宇验收记录表》、《商品房面积测绘技术报告书》、房屋管线图(水、强电、弱电、结构)	是□ 否□	
窗	窗边：窗边与混凝土接口是否有缝隙	是□ 否□	
	窗扇：是否安装牢固、开关是否灵活、材质是否与合同相符合	是□ 否□	
	窗与窗框：两者是否平行	是□ 否□	
	玻璃：玻璃是否完好、有无划痕、有无气泡	是□ 否□	
	窗台：是否完好、无渗水	是□ 否□	
	把手：是否完好、安装牢固、旋转灵活	是□ 否□	
	护栏：高度是否符合规范、牢固、安全	是□ 否□	

检验项目	内容	是否合格	问题备注
入户门	猫眼及可视成像对讲是否清晰	是□ 否□	
	门与门套是否平行、方正	是□ 否□	
	用手触摸，门是否平整、有无刮痕	是□ 否□	
	门套与墙之间是否密封严实	是□ 否□	
	门闭合是否严密	是□ 否□	
	门锁、把手开关是否流畅	是□ 否□	
	转动门扇，感觉门轴运动是否顺畅、稳固	是□ 否□	
天花	是否有裂缝、空鼓、脱落、露筋	是□ 否□	
	是否有麻点即石灰爆点、或较大的颗粒（有会对后期装修产生影响）	是□ 否□	
	是否有裂痕（特别是顶楼）	是□ 否□	
	上层楼板有无特别倾斜、弯曲、起浪、隆起或凹陷的地方	是□ 否□	
墙面	墙面是否平整、干净、颜色均匀	是□ 否□	
	承重墙上是否有裂缝（若裂缝过大则房屋存在安全隐患）	是□ 否□	
	与阳台的连接处是否有缝隙（有裂缝则阳台有断裂的危险）	是□ 否□	
	若为冬天，墙面是否有水滴或结雾现象（有说明保温有问题）	是□ 否□	
	墙身存在倾斜、弯曲、起浪、隆起或凹陷的现象	是□ 否□	
	厨房、卫生间外墙是否有水迹	是□ 否□	

监工验收全能王

检验项目	内容	是否合格	问题备注
地面	是否平整、有无露筋、起沙	是□ 否□	
	是否有空鼓、开裂（用空鼓锤敲击，发出"咚咚"声为空）的现象	是□ 否□	
卫生间	下水是否顺畅	是□ 否□	
	地面坡度是否向地漏口倾斜	是□ 否□	
	有无做防水、防潮处理	是□ 否□	
厨房	电、水、煤气表具是否齐全，数据是否从零开始	是□ 否□	
	坡度是否向地漏口倾斜	是□ 否□	
	有无表支架、出口铜阀、烟道、防火圈、报警器	是□ 否□	
	烟道是否有堵塞（点燃报纸，放在烟道下10cm，看烟到达烟道口后是否转入烟道中）	是□ 否□	
柱体、阴阳角	是否无大小头、方正、垂直	是□ 否□	
水	水表是否完好，表数是否从零开始	是□ 否□	
	阀门是否完好、灵活	是□ 否□	
	上水管是否完整、无渗水、无明显磕碰	是□ 否□	
	下水管是否封口完整、无渗水、下水通畅	是□ 否□	
	供水管的材质是否达标（铜芯最佳）	是□ 否□	
电	拉下电闸的总闸、分闸，看是否能够断电	是□ 否□	
	试下全部开关控制的灯是否能亮	是□ 否□	
	试下插座是否全部通电（用电笔）	是□ 否□	

家装全能王

检验项目	内容	是否合格	问题备注
暖	供水支管连接进水的那端是否高于连接散热器的那端	是□ 否□	
	供暖管道是否有套管	是□ 否□	
	供暖温度是否达标（冬季应高于16℃且不应低于14℃）	是□ 否□	
查渗水	在交房前，若有下雨，第二天观察山墙、顶棚、厨卫外墙是否有渗水	是□ 否□	
	墙角、厕所顶棚有无霉菌	是□ 否□	
层高	测量房屋净高是否符合要求（购房合同中标注的层高减去20cm楼板及面层厚度，再减去2cm允许误差，得数就是房屋的最小净高）	是□ 否□	
	房屋净高最大及最小处是否相差太多（差太多表示顶面倾斜）	是□ 否□	
管线	燃气管线是否穿过居室（穿过有安全隐患）	是□ 否□	
	居室、客厅是否有各种管线外露现象	是□ 否□	

注：毛坯房和精装房的验收存在一定的差别，精装房的项目更多一些，后面会详细介绍，此表主要用于毛坯房的验收。

验房秘笈支招

005 公摊面积所包括的项目

结算面积时，有些公共面积是需要公摊的，而有些公共面积是不需要公摊的，仔细看清，以免被减少正常的使用面积。

公摊的部分包括电梯间、电梯机房、水箱间、楼梯间、消防控制室、一层门厅及值班室。不分摊的部分包括人防工作间和风井。

六、精装房的验收标准

许多城市为了方便业主，节省装修的时间和精力，推出了精装房，即已经装修完毕的房屋，这类房屋的检验时间要比毛坯房更多一些，除了毛坯房所包含的项目外，还有很多额外的项目，尤其是隐蔽工程，同样建议以表格的方式罗列出来，避免丢项落项。

检验项目	内容	是否合格	问题备注
空气	检测空气中的有害物质含量是否超标（是精装房检测中比较重要的一环，因为装修材料都是开发商提供的，业主无法掌控）	是□ 否□	
门	门与门套之间是否平行	是□ 否□	
	门套与墙之间缝隙是否严密	是□ 否□	
	门上油漆是否完好、没有磕碰痕迹，用镜子检查门顶部和底部，看是否有涂刷油漆	是□ 否□	
	检查门是否方正（将门打开45°，如果能立住说明方正，摇晃则不方正）	是□ 否□	
	门扇是否外观平整，漆面是否完好无流坠、漏刷和磕碰，色泽是否一致	是□ 否□	
	门锁与门把手安装是否牢固，操作是否轻便，锁能否均匀锁紧	是□ 否□	
	门轴是否平整牢固、转动平稳	是□ 否□	
	门和门锁之间的间隙是否小于3mm	是□ 否□	
	门吸是否能够紧密、牢固地吸附门扇	是□ 否□	

检验项目	内容	是否合格	问题备注
窗	窗套是否平直	是□ 否□	
	窗套与墙之间的缝隙是否严密	是□ 否□	
	窗套若为木质，表面漆膜是否均匀没有划痕	是□ 否□	
吊顶	是采用木龙骨还是轻钢龙骨，是否与合同上的材料标注一致（可以从空调孔或灯具维修恐观察）	是□ 否□	
	观察吊顶的面是否平直，有无明显的曲面、裂缝	是□ 否□	
	表面的漆涂刷是否均匀、有无补漆	是□ 否□	
	顶角线与四周的墙结合是否严密	是□ 否□	
墙面	墙漆涂刷的颜色是否均匀、一致，是否有补刷的痕迹（补刷从侧面可以看出来）	是□ 否□	
	若为墙纸，检查每块墙纸的接口是否平整、没有缝隙，对花是否正确	是□ 否□	
地板	查看花色是否一致、有无严重色差	是□ 否□	
	有无变形、起拱、缝隙和不平整的地方	是□ 否□	
	用脚踩一遍，脚感是否一致、有无声响	是□ 否□	
	若为柚木地板，有无大片黑色水渍	是□ 否□	
	地板与踢脚板的相接处是否严密	是□ 否□	
	观察地面面层的漆膜是否一致，有无气泡、划痕	是□ 否□	
地砖	用空鼓锤敲击每块砖，听有无空鼓	是□ 否□	
	用鞋在地上滑，感受接缝是否平整	是□ 否□	
	观察地砖铺贴是否平整，花色是否一致	是□ 否□	

监工验收全能王

检验项目	内容	是否合格	问题备注
卫生间	马桶下水是否顺畅	是□ 否□	
	冲水水箱是否有漏水的声音	是□ 否□	
	浴缸、面盆与墙的接口处是否做了防水处理	是□ 否□	
	浴缸、马桶、面盆处是否有渗漏	是□ 否□	
	各个龙头安装是否正确，能否正常使用	是□ 否□	
	在面盆、浴缸中放满水，打开排水阀，观察排水是否顺畅	是□ 否□	
	是否有安装地漏	是□ 否□	
	花洒的高度是否合适，花洒出水是否正常	是□ 否□	
	墙砖、地砖有无空鼓（空鼓超过5%为不合格）、是否平整、墙面及地面四角是否有磕碰	是□ 否□	
	查看卫生间门口是否有安装挡水条，粘贴是否牢固	是□ 否□	
	打开浴霸及排气系统，看是否运作正常	是□ 否□	
厨房	是否有安装地漏	是□ 否□	
	墙砖或马赛克有无脱落、裂缝、凸起	是□ 否□	
	墙砖、地砖有无空鼓（空鼓超过5%为不合格）	是□ 否□	
	墙砖、地砖铺贴是否平整、无裂缝、墙面及地面四角是否有磕碰	是□ 否□	
	水管、橱柜上是否有未清理干净的水泥	是□ 否□	
	龙头的安装是否正确，出水是否顺畅	是□ 否□	
	水池下方有无渗漏现象	是□ 否□	

检验项目	内容	是否合格	问题备注
厨房	橱柜柜门、抽屉开关是否顺畅且安装牢固	是□ 否□	
	橱柜柜体有无变形，柜门是否周正	是□ 否□	
	水盆放满水，而后检查排水是否顺畅	是□ 否□	
电	用相位仪检测所有插座，是否有出现接错线的情况	是□ 否□	
	检查所有墙壁开关开合是否顺畅、没有阻碍感	是□ 否□	
	检查各个开关、插座安装是否牢固	是□ 否□	
	打开开关，检验是否所有的灯都能亮	是□ 否□	
	所有弱电插口包括电话、网络、有线电视是否畅通	是□ 否□	
	距离地面30cm高的插座是否有保险装置	是□ 否□	
	电箱内是否所有电路都有明确支路名称	是□ 否□	
	电箱安装是否牢固，包括内部分闸	是□ 否□	
暖	用手拧动暖气阀门，是否顺畅（用于排气，若不能拧动则需要更换）	是□ 否□	
空调	是否有预留室外机位，是否预留管线孔	是□ 否□	
木工	若室内有柜子，查看柜子表面的漆膜是否光滑、平整	是□ 否□	
	检查柜子是否有变形的情况，所有层板是否平直，接缝处有无开裂	是□ 否□	
	所有五金使用是否顺畅	是□ 否□	
品牌	所有使用产品，品牌、数量是否与合同符合	是□ 否□	
卫生	查看所有的边角及管道，是否有残留的建筑垃圾	是□ 否□	

监工验收全能王

七、精装房的验收重点

精装房的装修已经完成，隐蔽工程施工过程并不能被业主监控，如果验收的时候不全面，很容易在后期使用过程中出现问题，因此，检验应更仔细，重点部分主要放在隐蔽工程上，包括水、电、吊顶等方面。

空气检测最重要

精装房所有的建材均由开发商提供，且检测也是由开发商聘请人完成，因此应着重检测空气中的污染物含量，查看是否超标，特别是有老人和孩子的家庭。

隐蔽工程为重点

隐蔽工程包括水路、电路的改造，吊顶内部的结构及卫生间和厨房的防水处理，检验前应向开发商索要图纸。若自身对此方面不是很了解，可以聘请专业的人员陪同，以更彻底地避免安全隐患。

细节处体现质量

比起一眼就能看到的地方，一些细节反而更能体现出施工的质量，例如墙面漆的漆膜、墙砖的空鼓率、门窗套与墙的缝隙、通风系统等，这些地方更要仔细地检查一下，看是否达标。

不要忘记建材型号

精装房还包括了在装修中通常由业主自主采购的物品，如厨具、橱柜、衣柜、灯具、地板等，此类物品在前期的合同当中，会明确的标示出使用的品牌、型号、数量等，在验房时，一定要对照合同，逐一进行核对，以免商家以次充好，降低物品的档次。若发现被更换，则建议查清与合同上签订物品的差距，与开发商协商解决。务必记得索要保修证明等，明确保修期限。严格的检验可以减少以后使用过程中的麻烦。

PART 2
装修施工验收常识

家装施工验收需要知道的

    家装是一件非常繁琐的事情，不仅消耗金钱，也耗费精力和时间，很多人提起装修都能讲出一部血泪史。家装可以分成三个大的阶段，每个阶段的施工内容都不同，本章详细地讲解了家装施工的验收内容，可以使监工变得更轻松、简单。

一、家装验收的主要内容

家庭装修的工程质量，取决于装饰公司或施工队的整体水平，也取决于业主的日常监督与验收。若业主没有在装修进行过程中进行严格的监督并在每项内容完成后进行验收，只在完工时进行检查，就很容易出现各种问题。

⚙🔧 验收主要内容

家装验收包括哪些内容呢？

家装的验收一般分为六个方面，分别为隐蔽工程（即水电工程），木工工程、油漆工程、泥瓦工程、金属工程及杂项。并以国家验收规范和施工合同约定的质量验收标准为依据对工程各方面进行验收，作为非专业验收的业主，验收内容可参考下表：

项目名称	验收内容
水路工程	洁具的安装应平整、牢固、顺直
	厨房水槽、卫生间洗手池、马桶、淋浴房排水的畅通性
	给水管应畅通，且必须在完工后，进行24小时的加压测试
	对卫生间地面进行闭水测试，检测防水层
电路工程	电源线应使用国标铜线，一般照明和插座使用2.5mm²
	厨房、卫生间应使用4mm²（铜线），如果电源线是多股线，应进行焊锡处理后，才能接在开关插座上
	电视和电话信号线应与强电类电源线保持一定的距离(不小于250mm)，安装灯具应使用金属吊点，完工后要逐个试验

项目名称	验收内容
电路工程	照明和插座应能够正常使用、电线是应套管
	电话信号应正常、无噪声（可携带一个小电话检测）
	电视信号应正常、无雪花（可携带一个小的电视机检测）
	网络信号应正常（可购买一个小型的专业测试仪器，不需要拨号就能测试）
木工工程	细木工板应达到国家规定的环保标准
	木方应涂刷防火、防腐材料后才进行使用
	大面积吊顶、墙裙每平方米不少于8个固定点，吊顶要使用金属吊点
	地板找平的木方应平直，无弯曲现象
	门、窗的制作应选用质量佳的高档材料，若材料质量差容易变形
	木质拼花施工应做到缝隙无间或者保持统一的间隔距离
	无论水平方向，还是垂直方向，家具的构造均应平直
	若有弧度与圆度造型，应顺畅规圆，若有多个同样的造型，还应确保造型一致
	所有木工项目的表面应平整、没有起鼓或破缺
	所有柜子的门开关应顺畅，开启及关闭过程中应没有声音
	天花脚线与墙面和顶面接口应没有缝隙，每段之间对花拼接应正确没有错位
	卫生间、厨房的扣板吊顶应平整、无凸起与变形现象
	所有把手及锁具的安装位置应正确、开启正常
	踢脚板安装应平直，与地面无缝隙

项目名称	验收内容
油漆工程	油漆是否有选用优质材料，涂刷或喷漆之前是否有做好表面处理
	清漆施工的表面厚度应一致，没有明显的颗粒现象
	混油先在木器表面挂平原子灰，经打磨平整后再喷涂油漆
	混油施工的漆膜应光滑、平整，没有起鼓、开裂现象
	墙面的墙漆在涂刷前，一定要使用底漆(以隔绝墙和面漆的酸碱反应)以防墙面变色
	墙漆涂刷后表面应平整，没有空鼓、裂缝现象
	墙纸拼缝应准确、没有扯裂现象，图案的纹理拼纹对接应准确、没有错位现象
泥瓦工程	施工前应进行预排预选工序，把规格不一的材料分成几类，分别放在不同的房间或平面，以使砖缝对齐，把个别缺角的材料作为切割材料使用
	铺贴后的砖面应平整，没有倾斜现象，空鼓率低于5%
	墙砖与墙砖之间、地砖与地砖之间的铺贴缝隙应一致
	特别注意墙角及地面四个角，转体应没有缺角、崩裂现象
	有图案的砖图案拼接应正确，没有翻转现象
	花砖或腰线的位置应正确，且保持平直、没有偏差
金属工程	门、窗等金属构造应平直、规整，窗应有密封件
	要求构件操作灵活，开关没有阻碍感、没有异声
	防盗网焊点牢固、没有松动现象
杂项	逐一的核对合同条款，确保所有项目都有履行，避免遗漏
	检查所有的洁具及其他产品，安装、使用应正常
	工程垃圾是否已清理完毕

家装全能王

二、家装验收的阶段

工程验收是家庭装修的重要步骤，严格而专业的验收可以避免完工后在使用中一些质量问题的出现。总的来说验收分三个阶段，各个阶段的验收内容不同，需要特别注意的是中期的隐蔽工程验收，其对整体质量来说是尤为重要的。

验收阶段		验收内容
第一阶段 入场前验收		最重要的是检查进场材料是否与合同中预算单上的材料一致，尤其要检查水电改造材料的品牌，判断其是否属于合格产品，避免进场材料中掺杂其他材料，影响后期施工
		如果发现进场材料与合同中的品牌不同，则可以拒绝在材料验收单上签字，直至与装修公司协商解决后再签字
		查看拆改项目是否符合合同规定，尤其是承重墙是否存在安全隐患
第二阶段 中期综合验收	水电路的验收	业主要在专业水工、电工的操作下检查所有的改造线路是否通畅，布局是否合理，操作是否规范，并重新确认线路改造的实际尺寸
		只有线路改好后，腻子工才可以接下去封墙、刮腻子
	泥瓦工的验收	验收要在木工基础做完之后，此时房间内的吊顶和石膏线也都应该施工完毕，厨房和卫生间的墙面砖也已贴好，同时需要粉刷的墙面应刮完两遍腻子
		这个阶段的验收工作非常重要，业主应该仔细核对墙砖、地砖等拼花、对缝，如发现不符的地方，应及时要求施工队修改
	木工活验收	这个阶段基本处于工期过半的时候，检查要偏重于木制品的色差、纹理，以及大面积的平整度和缝隙是否均匀
		同时检查外形、尺寸是否符合设计要求，开启方向是否合理
	油工活验收	木制品完工后，油工就可以开始进行底漆处理，同时所有地砖也应该在这个阶段内铺贴完

项目名称		验收内容
第二阶段 中期综合验收	吊顶验收	查看木龙骨是否有做防火、防腐处理
		检查吊杆间距，适宜间距为600~900mm，不宜过大
		查看吊杆的牢固性，不能有松动
		垂直方形的吊杆必须使用膨胀螺栓固定
		拉线检查吊顶是否水平
第三阶段 竣工验收		完工验收的内容是最全面而彻底的。业主要检查踢脚板、洁具和五金件等的安装情况，电工安装好的面板及灯具位置是否合适，线路连接是否正确
		应要求施工队将房间彻底清扫干净后方可撤场
		验收阶段在实际施工中并不是绝对的，不同的家庭对装修内容有着不同的要求，施工进度自然也会有相应的调整，可以根据工程进度情况灵活掌握

家装全能王

 监工秘笈支招

001 避免报价单上的"陷阱"

★不要单独盯着某一个产品的报价，例如单独的地板、地砖，而要综合性地查看一项，包括铺装费用、水泥砂子的价格等，以免被对方提升整体报价而自己还没有发现。

★注意报价单上有无遗漏主材，且建议在合同上标示出哪些由对方负责，哪些由自己采购，以免后期以此为理由增加预算。

★若重要的主材由对方提供，建议标示出材质的等级、品牌、规格等，以免对方用模糊的方式降低材料的等级，以获得更高的利润。

★一定要明确项目的量词，特别是衣柜和鞋柜，弄清楚是以"平方米"计价，还是以"项"计价，若以"平方米"计价，是以展开面积计算还是立体面积计算，防止对方偷换概念，后期加价。

★建议在报价单上标明每个项目的明确工艺，这一点非常重要，缺少一遍工艺，就会存在价格差，而质量就有所下降，要求业主尽量熟悉每个项目的施工工艺，以严密监工。

★注意最终图纸，若要求对方根据图纸明确地计算出所用材料的种类、数量，并始终不做任何改变，最终花费会跟报价非常接近。

三、装修初期的验收内容

验收初期是指在开工之前进行的验收，包括前期的拆除工程及材料验收两项。正规的装饰公司与业主签订的合同中都会备有一份材料明细，其中明确地标示出对方所承担材料的品牌、规格和等级，由于施工步骤不同，所用的材料会分批进场。因此，在前期的装饰材料进场后，双方应根据材料表一一核对所用材料是否符合约定内容。其中包括水管、电线、木板、腻子、水泥、沙子等，随着工程推进，后期会陆续验收瓷砖、油漆、涂料等。

约定验收时间 ✿

一定要跟装饰公司定好材料的验收时间。如果材料采购完成，而没有约定验收时间，容易影响施工进度。

验收人必须到场 ✿

在进行验收时，需要注意的是，合同上标注的验收人，无论是装饰公司方面的，还是业主的都必须到场，以免后期因为缺少验收人而产生纠纷。

验收程序须严格 ✿

①拆除工程要保证结构安全。拆除前建议先划线，而后切割，再用锤子自上而下地去除，最重要的是要保证结构的安全性。完工后重点检查拆除是否到位，剩余部分的边角是否整齐。

②材料需逐一核对。进行验收时，建议对照合同，逐一核对、检查，保证进场材料符合合同规定，包括每一种的品牌、质量和数量等，特别是板材，建议一张张检查，避免夹杂同品牌次等品。

验收合格再签字 ✿

建议所有验收均合格后，合同上规定的验收人再在合同上签字。如果发现存在隐患或材料与合同不符，业主有权要求对方更换或协商。

四、装修中期的验收内容

中期验收，其重点放在隐蔽工程上，隐蔽工程的质量好坏直接关系到家庭装修的整体质量，验收是否合格会影响后期多个项目的质量和进度。如果是一般家居，通常15天左右就可以进行中期验收了，而别墅的时间要长一些。

此次验收可以分两次进行，第一次验收吊顶、水电路、木工等，第二次专门验收做了防水处理的房间，即有地漏的房间。若在封面之前想要做一些改动或发现不合格的地方，在此阶段及时提出并改进，对后期影响会小一些。

🔧 水、电关系到安全，应做重点验收

水、电工程的验收都包括哪些方面呢？

水路、电路的工程步骤非常多，那么大体的验收都包括哪些方面呢？下表可作为参考。

项目名称	验收注意事项
水路	水路验收主要是进行打压测试，打压时压力不能小于6kg/cm²，时间不能少于15分钟，然后检查压力表是否有泄压的情况。若有泄压，首先检查阀门，若阀门没有问题，则管道有漏水的地方，要处理好后才能进行下一步施工
	通常来说安装地漏的房间都应做防水，例如卫浴间和厨房。防水的好坏不仅仅影响自己的日常生活，而且还关系到楼下顶棚是否渗水。最常见的检验方法是做闭水试验，在进行闭水试验之前，建议与楼下约定时间，若出现渗漏及时沟通，处理好邻里关系
电路	验收电路时，一定要注意使用的电线是否为指定品牌以及电线是否达标。不达标的电线存在外皮粗铜芯细或者外皮细铜芯粗的情况，这两种不达标的电线对电流负荷都有影响，导致业主在日后使用中存在安全隐患。 检查电路改造时还要检查插座的封闭情况，如果原来的插座进行了移位，移位处要进行防潮防水处理，应用3层以上的防水胶布进行封闭。同时还要检查吊顶里电路接头是否也用防水胶布进行了处理

家装全能王

水路工程验收

严格操作 必做打压测试

水路工程验收难题解疑

1.水路施工前应明确什么，出水口的预留高度是多少？ 解答见P27

2.水路施工的具体步骤是什么？ 解答见P27、P28

对用水设备有数

在水路施工动工前，首先应对自家用水的设备要做到心中有数，特别是热水器、洗衣机、浴缸、淋浴房、马桶，款式不同，预留的出水口也有差距。而后确定它们的位置、安装方式以及是否需要热水等，根据这些定位图纸上每个出水口的位置和水管走向。

水路施工步骤

通常来说水路施工可以分为九个步骤：依次为材料进场→定位弹线→按线开槽→做防水→水路管线安装→打压测试→封槽→检查→二次防水处理。

设备名称	出水口预留高度（cm）
面盆	50~55
燃气热水器	130~140
电热水器	170~190
洗菜盆	40~50
标准洗衣机	105~110
标准浴缸	75
按摩浴缸	15~30
蹲便器	100~110
座便器	25~35
淋浴	100~110
拖把池	65~75

1.材料进场

2.定位弹线

3.按线开槽

4.做防水

5.给水管线敷设

6.排水管线敷设

7.打压测试

8.封槽

家装全能王

1.材料进场，平放在平整的地面上，避免磕碰、损伤。

2.用弹线的方式在墙面上标示出管路敷设的方向和转弯等，之后用开槽机切割定位线。

3.将槽心剔除，完成后槽线内应平整没有凸起物，横平竖直。

4.位于厨房和卫生间的槽应做防水。

5.给水管线敷设，热水管和冷水管布置为左热右冷、上热下冷，出水口必须水平。

6.排水管线敷设，地漏应在最低点。

7.打压测试，一般PP-R水管测压保压时间为30分钟。

8.调和与原建筑结构相同比例的水泥混合物，将槽线封死。

9.卫生间地墙面与厨房地面做防水。

10.做闭水试验，检查是否有渗水现象。

水路工程验收难题解疑

1.可以随意找队伍施工么，需不需要有施工图纸？解答见P29

2.监工过程中重点"盯"哪些步骤？规范操作要求有哪些？解答见P30、P31

找专业改造公司 ✿

水路改造如果不规范，隐患仅次于电路，如果不严格地监工，一旦出现问题，所有装饰成果很容易毁于"水灾"。

装饰公司的师傅通常都具备从业资格证。如果是自己找队伍改造，不要贪图便宜，要找专业的具有水、电改造资格的公司，这样会避免很多麻烦。

严格按施工图布线 ✿

水路改造应先弹线，再开槽，严格

按照施工图布置管线，槽要求呈现平行线与垂直线，其最低的中平行线与地面距离为600～900mm，垂直龙头管路，深度为40mm内。

主管线不能动 ✿

在进行水路管道敷设时，不能改动主管道及排水管、地漏及座便器等排污水位置。

尽量避免随意的改动，如果对方提出的改动比自己计划的多，就要提高警惕，这样不仅仅会提高报价，一旦密封不好，会增加水管爆裂的概率。

 监工秘笈支招

002 监督，避免下水道变垃圾道

在施工过程中，会有个别工人将水泥、砂子等建筑垃圾倒入下水道中。这种做法很容易堵塞下水道，造成下水不畅而溢水，且十分不容易清理。虽

然事情不大不小，但带来的后果却十分麻烦。

为了避免这一现象，业主可以在装修前，将所有的下水道都封闭起来，做好保护工作。

管槽尺寸要求 ✿

开槽应用槽机切割，不能直接使用电锤，槽内应平整，深度应为40mm，宽度比管线直径宽20mm，埋管后应保证槽内管面与槽外地面有15mm高度差，特别注意开槽时不能切断钢筋。

房屋顶面预制板开槽深度不能超过15mm，地面若铺设有地热，开槽时应避开地热管线。若槽内有裸露钢筋，则需要做防锈处理。

遵循最短原则 ✿

布线应遵循最短原则，减少弯路，禁止斜道。为了避免破坏墙体的抗震力，开槽尽量避开承重墙，墙壁横向开槽长度不建议超过500mm，可绕道。

若水路和电路相遇，水路须在电路之下，防止漏水后污染电线，导致漏电。

走顶不走地 ✿

水路布线有其自己的原则——"走顶不走地，走竖不走横"，这样避免了横向开槽，纵向开槽不破坏墙体的抗震性能。

顶部布线的纵向管道都是整根管，接头都留在吊顶内，降低了万一漏水后砸墙维修的风险。如果水路管线多在地面，位于地砖或地板下，经常会踩踏，会增加爆裂的概率，一旦出现问题还要刨地，增加施工步骤和费用。

✎监工秘笈支招

003 冷热管线应保持距离

需要同时走冷、热水管时，需要注意，两根管需要走两个槽，两者之间至少保持150mm的距离。

如果两条管线放在一个槽内或相邻距离太近，热水循环到菜盆、面盆、淋浴器时容易出现水不热的现象。

安排好进场顺序 ✿

建议在水、电施工全部完成后再安排木工进场。水、电改造不仅花费较多，且隐蔽性很大，如果同时施工种类太多，会加大监工的难度，容易造成遗漏。

封槽前拍照留底 ✿

验收合格后方可封槽。封槽前，建议拍照留底，避免后期工程误伤暗埋管线。

套管应被水泥砂浆完全覆盖，否则日后会有空鼓现象。

- -

⚒ 水路铺设分为给水管和排水管

给水管和排水管要分开铺设么，各有什么要求？

家庭水路管线分为给水管线和排水管线两种，用途不同，所使用的管线的材质、类型以及铺设方式也有一定的区别，只有懂得施工工序和标准才能够更严格地监工，那么，它们的铺设分别有什么要求呢？

项目名称	铺设要求
给水管	管线尽量与墙、梁、柱平行，成直线走向，距离以最短为原则
	顶部排管施工较麻烦，需要安装管卡，并套上保温套，优点是检修方便，不容易出现爆裂，适合北方。但费用高，且长度变长增加了阻力，不适合高层
	墙槽排管需横平竖直，若管线需要穿墙，单根水管的洞口直径不能小于50mm，若两根同时穿墙，分别打孔，间距不能小于150mm
	地槽排管，安装快捷，线路短，花费较少，适合南方或管线过长的情况。施工时若遇到主、次管线交叉的情况，次管路必须安装过桥，且应位于主管线下方
	冷、热水管安装一般为左热右冷，间距为150mm
	给水管安装完毕后，需要用管卡对水管进行简易固定，进行打压测试

项目名称	铺设要求
排水管	所有通水的房间都要留有地漏和安装下水管
	管道需要锯断时，长度应测量后再动手，以免长度不够造成浪费，同时注意将连接件的部分考虑进去。
	管道的断口处应平滑，断面没有任何变形，插口部分可用锉刀锉15～30°的坡口
	管道安装完成后，用堵头将管道预留弯头堵住，进行打压测试，压力0.8Mpa，以恒压1小时没有变化为合格，以确保管道没有漏水处

监工秘笈支招

004 打压测试非常重要，不可忽略

★打压测试是非常重要的一个验收环节，很多业主在管路安装完成后就会觉得已经完工，落下了这个环节。水管在日后的使用中，不仅运输水，还会承担着水带来的压力，如果没有经过打压测试，或草草完结，很容易在日后使用中发生渗漏或爆裂的情况，需要砸掉墙等重新修理，带来严重的后果。

★打压测试在验房时和施工后应分别进行一次，验房时进行是为了确认原有管道有无泄漏，若有问题，则请与物业解决后再施工，以免责任不清。

施工后测试，则是为了检测家装公司改装后的管道有无漏水处。

★打压过程：先用软管连接冷热水管，保证冷热水管同时能够打压；安装好打压器，将管内的空气放掉，让水充满整个水管回路中，关闭水表及外部闸阀开始进行打压，测试压力要大于平时水管运输水时压力的1.5倍，不能小于0.6Mpa。观测10分钟，压力表上压力下降不能大于0.02Mpa，然后降低到平时管压进行检查，一小时内压力下降不应超过0.05Mpa，而后在平时管压的1.15倍下观察2小时，压力下降不应超过0.03Mpa，符合标准即为合格。

★进行测试的过程中，有几点需要注意：①仔细地检查每一个接头有无渗水情况，渗水会导致压力值下降加速，如果存在渗水，一定要马上要求工人进行修补；②一定要严格监督打压的时间，不能草草了事，根据国家规定的标准时间来执行检测，避免被施工队伍糊弄；③在规定的测试时间内，若压力表的指针没有明显的变化或者下降的幅度小于0.1Mpa，才能说明管路是没有问题存在的。

水路工程验收难题解疑

1.应该怎么挑选给水管？不同材料有什么区别？ 解答见P33

2.排水口位置不理想，施工时可以移动吗？ 解答见P38

给水管应安全

家庭给水管肩负着运输饮用水的职责，直接关系到人的身体健康，因此不论是管材还是配件材质都要求卫生，购买正规产品，有防伪标识的可以打电话验证。

水在运输时带有水压，管线应能够承受住水压，保证使用的安全性。

节能、施工方便

要求给水管管道内壁光滑以减小水流阻力，热水管的保温性能要佳，达到节能的目的。经比较，金属管道比塑料管道耗能，管壁厚的比薄的耗能，管壁内粗糙比光滑的耗能。

方便指管道施工、安装要方便操作。

水管材质	保温	卫生	结垢	耐腐蚀	使用年限	安装	价格	节能
镀锌	差	佳	会	差	5～10年	复杂	较低	差
铜	差	佳	会	差	80年	复杂	很高	差
UPVC[①]	佳	差	无	差	5～10年	一般	较低	一般
铝塑	佳	佳	无	佳	50年	简单	高	佳
PP-R[②]	佳	佳	无	佳	50年	简单	一般	佳
PEX[③]	佳	佳	无	佳	50年	简单	一般	佳

名词解释：①UPVC：氯乙烯单体经聚合反应而制成的无定形热塑性树脂。②PP-R：交联聚丙烯高密度网状工程塑料。③PEX：交联聚乙烯。

005 PP-R管安装规范

给水管综合各种材料的性价比后，建议使用PP-R管，它有其严格的施工规范：

①施工前，管道的两端去掉4~5cm，防止管材因搬运过程中的不当操作造成细小的裂纹。

②冬季施工应避免管材发生摩擦、碰撞、敲击或摔打。

③PP-R管线布线最好走顶，便于维修。

④管道和连接件使用统一品牌的产品较好，不容易出现连接不严密的问题。

⑤带有金属螺纹的管件，必须缠足生料带，避免漏水。

⑥管件不宜拧得过紧，避免因用力过大而使配件壁周产生裂纹。

⑦墙面和地面的管体与管件连接必须用热熔的方式，禁止在管体或管件上直接套丝。

⑧嵌入墙体、地面的管道应进行防腐处理并用水泥砂浆进行保护。

⑨冷、热水管有不同的标识，通常会用颜色或者文字来标示，使用时应严格按照冷水管接冷水、热水管接热水的原则操作，不能混接。

⑩完工后，在堵头丝口缠上生料带，防止漏水，再把堵头拧紧。

家装全能王

图解PP-R给水管顶部安装关键点

1.安装吊卡

2.定位弹线

3.按线开槽

1.先测量好水管长度，按照顶、墙面、出水口的顺序从上到下进行，顶部走线一定要先安装吊卡，用来固定水管。

2.给水管需要包裹一层保温层。

3.将做完保温的管线用吊卡固定在顶部，完成布线。

⚙ PP-R水管的选购

什么样子的PP-R水管品质比较好呢？

现在家庭水路改造应用最多的给水管是PP-R水管，它又叫做三型聚丙烯管，既可作冷水管又可作热水管，与传统的金属管道相比，具有节能、环保、强度高、轻质、抗菌、施工维修简单等优点。检测PP-R水管的好坏，可以通过以下方式进行：

检验方式	具体操作
触摸	触摸管体，优等水管应光滑、手感柔和无颗粒感
闻气味	优等水管原料纯正没有异味，而次等品因为添加了聚乙烯会有怪味
捏硬度	优等水管弹性佳、不易变性，具有相当的硬度，用力捏会变形的为次品
测量壁厚	不同型号的水管管壁的厚度有要求，用游标卡尺测量，达不到的为次品
听声音	将管体从高点的地方扔到地上，声音沉闷的为优品，清脆的为次品
观察外观	优等水管的外观色泽应一致，无杂色，表面光滑、平整，没有气泡和凹凸
燃烧	优等水管燃烧后无烟无气味，而次品有黑烟和刺鼻的味道

▼ 下图为PP-R水管及管件，PP-R水管有多种颜色，形成原因是添加的色母料不同，与质量无关。通常会用不同颜色的线或管体来划分冷、水水管，正规的PP-R管体上通常会印有厂家名称等标识。

排水管道的要求与规范

排水管道安装有什么要求？

排水管道是家庭污水的主要处理途径，一旦出现裂纹、渗漏等问题，不仅会影响家庭卫生及装修成果，还可能影响楼下邻居的正常生活。因此，规范的安装是非常必要的，见下表

条目序号	规范内容
①	如果排水管的路径很长（例如通向阳台），中间不能有接头，且应适当扩大管径，避免造成堵塞
②	在安排排水管的位置时，应注意避免在以后的使用中有重物在其上方
③	如果有排水立管，位置应该安排在污水和杂质最多的地方
④	排水管应避免轴线偏置，若不能实现，可以采用乙字管或两个45°弯头连接
⑤	排水立管与排出管短部的连接，应采用两个45°弯头或弯曲直径不小于管径4倍的90°弯头
⑥	排水管不宜穿过卧室、厨房等对卫生要求高的房间，排水立管不宜靠近与卧室相邻的墙
⑦	若洁具的内部已包含存水弯，则不应在排水口下再设置存水弯
⑧	在设置坐便器的排水口前，应明确坐便器的下水方式是前下水还是后下水
⑨	排水管道安装完毕后，应即时采用管卡固定
⑩	管道与管件或阀门之间连接应紧密，没有任何松动现象
⑪	承插接口连接完毕后，应擦去多余的胶质，并静止待胶完全固化再使用。管道安装完毕后，通水检查有无渗漏
⑫	施工完成后，将管头安装堵头后，进行打压测试，确认没有渗漏

家装全能王

排水管购买合格品 ✿

购买排水管道时不要贪便宜，建议购买正规厂家出产的合格产品，注意管体上的印刷信息是否完整。

品质佳的管道可以保证使用期限内的安全，避免使用过程中发生渗漏、开裂。

优质水管的管壁光滑、平整，没有气泡、裂痕、裂口、凹凸及色泽不均匀的现象。

▼ 合格的排水管道的管体上应印刷有生产商家的名称、品牌及规格型号。

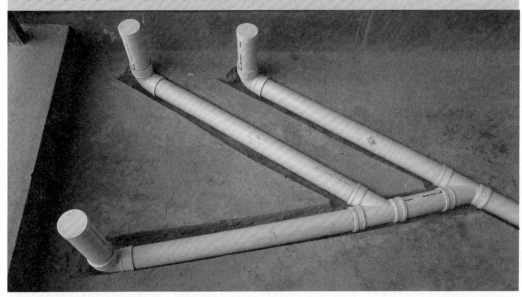

监工秘笈支招

006 锯管长度需实测

★有些时候需要将水管断开使用一部分，这种情况下，不要大概地估算尺寸，而要实际测量，并且将各个连接件的长度同时考虑进去，工具宜选用细齿锯、割管机等。保证断口处平整、没有变形。

★插口部分用锉锉成15～30°坡口，坡口长度不宜小于3mm，厚度为管壁的1/3～1/2，坡口处理完毕后，清理干净，使其平滑。这样做可以使连接的部分结合得更为牢固，不容易发生渗漏，不建议直接平口直插。

⚙ 排水口的移动

排水口位置不理想可以移动吗，监工应掌握哪些重点？

房屋内现有的坐便器及洗衣机的排水口不理想，想要移动，这是下水改造中比较常见的情况，那么可以移动吗？答案是可以，但是必须严格地按照要求施工，在施工前建议征求物业部门和楼下的意见，同意移动后方可施工。施工时需要注意以下几点：

①移动排水口就是增加新的排水管，连接到原来的旧管道上，因此建议先检查一下原有管道是否通畅，若有堵塞，先疏通再连接，避免以后使用中出现麻烦。

②移动排水口需要架设新管道，将其连接到原有主下水管上，不可随意地在主下水管道上凿洞、开孔。

③新加的排水管需要水平落差到毛坯房原有的主排水管道上。

④坐便器的排水口应安排在坐便器能够遮挡住的位置上，根据坐便器的型号确定排水口位置，条件许可时，应设置存水弯，避免异味。

⑤当阳台作洗衣用途并移动排水口时，应做二次防水处理，避免水渗漏到楼下。

▼ 所有的改造管道都应接到毛坯房原有的主下水管道上，铺设的管道架空时用管卡固定。

家装全能王

水路工程验收难题解疑

1.厨房的管路很集中，有点混路，怎么安排更显得整洁？解答见P39

2.洁具通常都是最后安装，万一预留的水口不合适怎么办？解答见P40

尽量走墙不走地 ✿

厨房的地面要做防水处理，一旦地面管线出现问题，需要刨地并重新做防水，很麻烦，因此管线尽量走顶、走墙。

管道口尽量隐藏 ✿

厨房内有橱柜，在进行水路布局前，建议尽量对橱柜的结构有个概念，将排水口、水表等设计在洗碗池的下方，隐藏起来，看起来比较整洁。

▼ 厨房管道口及水表尽量隐藏起来。

厨房各水口的位置确定	
项目名称	内容
冷、热进水口水平位置的确定	应考虑冷、热进水口的连接和维修问题，尽量安排在洗碗柜下方，但要注意橱柜侧板和排水管的位置是否对其有影响
冷、热进水口及水表高度的确定	通常安装在距离地面20～40cm的位置，同时要考虑水表的维修及对洗菜盆和排水管是否有影响
排水口位置的确定	厨房内的排水主要是洗菜盆，因此排水口通常安装在洗菜盆的下方，但同时要考虑排水是否畅通、维修空间是否足够
洗碗机进水、排水口的确定	洗碗机进水口通常安排在洗物柜中，距离地面20～40cm的位置。排水口一般安排在洗碗机机体左右两侧的地柜中，不宜安装在机体的背面

洁具型号先有数 ✿

卫生间内的水路与厨房一样，建议尽量走顶、走墙。

与厨房不同，卫生间内的洁具较多，出水口也就多，因为洁具是最后安装，因此很多人都是最后再买，就可能会出现出水口或排水口跟洁具高度不等的情况，因此建议在水路改造前，先选好款式和型号，记录一下高度，避免后期安装不上的麻烦。

需做防水的部位 ✿

①如果使用浴缸，墙面防水需要做到250cm以上；

②若墙面不全面做防水，有出水管的地方需要做防水，如面盆出水口；

③淋浴如果不使用淋浴房，则墙面需要全部做防水；

④地面必须做防水，如果地面做了水路改造，则需要做二次防水。

常见洁具配件安装高度			
洁具配件名称	高度（mm）	洁具配件名称	高度（mm）
面盆水龙头（上配水）	1000	坐便器低水箱角阀	150
面盆水龙头（下配水）	800	坐便器高水箱角阀和截止阀	2040
面盆龙头角阀（下配水）	450	浴缸龙头暗装式	750~800
淋浴器花洒	2000~2200	立式小便器角阀	1130
淋浴分水器	1100	挂式小便器角阀及截止阀	1050
浴盆龙头（上配水）	670	妇洗器混合阀	360
淋浴器截止阀	1150	洗衣机龙头	1200
淋浴器混合阀	1150	热水器进水	1700
蹲便器低水箱角阀	250	蹲便器高水箱角阀和截止阀	2040

电路工程验收

规范施工 杜绝一切危险

电路工程验收难题解疑

1. 没有找装饰公司，电路改造找施工队可以吗？解答见P41
2. 感觉电路工程改造很麻烦，请问是怎么样的步骤和顺序？解答见P42

施工前先出图

建议找专业的电路改造公司改造电路。施工前，根据自己的需求要求出具专业的电路图纸，图纸上根据电器的位置标注开关、插座的高度及电路的走向。

电改画线最重要

电路改造先定位，而后经过开槽、埋盒、埋管、穿线等一系列工序。在所有的工序中，画线是尤为重要的一步，它的操作是否规范关系到电路改造质量的优劣。

电路布线原则

通常电器线组走墙、地面，开关及照明灯线组走墙、顶面。开关插座底盒安装时必须水平、垂直。布线时强电在上方、弱电在下方，需横平竖直，避免交叉。

监工秘笈支招

007 画线的规范操作

★规范操作：对照图纸确定开关和插座位置→测量高度→画出位置→用墨斗线弹出线路走向。

★重点监控：①施工人员不按电路图纸标注的位置定位，走斜线，任意拐弯。②不使用工具画线，不能保证横平竖直，影响开槽质量。

监工验收全能王

家装全能王

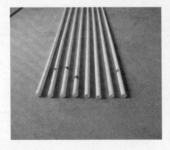

1.材料进场

2.定位弹线

3.按线开槽

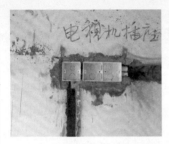

4.埋盒

5.埋管

6.强电电线穿管

7.弱电电线穿管

8.安装空气开关

9.封槽

1.材料进场，平放在平整的地面上，避免磕碰、损伤。

2.用弹线的方式在墙面上标示出开关、插座的高度位置及线路走向，之后用开槽机切割定位线。

3.将槽心剔除，完成后槽线内应平整没有凸起物，横平竖直。

4.将暗盒埋在墙内。

5.将电线保护管埋在墙内。

6.强电电线进行穿管。

7.弱电电线进行穿管。

8.安装空气开关，强电进行电路绝缘电阻测试，弱电测试信号，而后将线头套上保护。

9.调和与建筑相同比例的水泥封槽。

电路定位的要求

定位应该考虑什么，有什么要求？

电路定位就是根据家庭用电设备的类型、数量、安装位置，决定室内开关、插座的具体数量和位置，以确定线路的走向。具体内容可以总结为以下几点：

条目序号	要求内容
①	明确各个空间中开关的位置，以及类型是单控还是双控；明确插座的类型，特别是卧室中的有无特殊需求，例如是否带有USB插口
②	顶面、墙面、柜内的灯具类型、数量和分布情况
③	将所有的位置在墙面上用彩色粉笔或铅笔标示出具体位置，要求字迹要明显
④	标示的字迹宜避开开槽的位置，且字体、颜色应一致
⑤	同一个房间顶部使用多盏灯的时候，需要分组控制
⑥	卧室是使用壁灯还是使用台灯，若使用台灯需要考虑确定插座是在床头柜上方还是背面
⑦	定位空调插座时，需要确定插座是单相还是三相
⑧	考虑有没有特殊用电需求的电器
⑨	定位厨房的插座时，最好对橱柜的结构、款式有个具体概念
⑩	电视等需要下方摆放柜体的电器，设计插座时应将柜子的高度考虑进去
⑪	如果有音响设备，对其型号、安装方式和安装方位做到心里有数，特别需要注意布线是自己完成还是厂家完成
⑫	如果室内安装固定电话，确认安装的房间位置，以及是安装单体电话机还是安装子母机

电路工程验收难题解疑

1. 朋友家装修电路槽线有的是斜着走的，这样可以吗？ 解答见P45

2. 我想减少地面槽，墙槽是不是可以随便开？ 解答见P45

开槽要求很严格

电路施工在定位画线后，与水路操作相同，下面的工序都是开槽。

槽线不能随意地乱开，一定要严格地按照所画的线进行，且宽度及深度都有严格要求，边线要求要整齐，底部不能有明显的突出物。

需要注意的是电路与暖气、热水、煤气管路之间的平行距离应大于30cm，且不宜交叉走线。

项目	宽度（cm）
轻体墙横向槽	>50
内保温墙横向槽	>100
强电与弱电间距	<30
插座距地面高度	40
挂式空调距地面高度	220
开关距地面高度	120~140
槽深度	PVC管直径+10

监工秘笈支招

008 规范开槽的好处

★电路布线的线路清晰、规整，方便后期的施工和完工后的维护、检修；

★规范的槽线方便后期安装电器和挂件，可以避免电线受损伤；

★如果居于北方且使用地暖，规整的地面线槽有利于地暖的大面积铺装，混乱的槽线只能将保温板裁切成小块，不利于后期的保温；

★若后期铺装实木地板，有利于龙骨的铺设，便于找平。

家装全能王

墙槽尽量避免横开 ✿

　　墙面开槽尽量竖向开槽，规范要求不能开横槽，若不能避免，应尽量减少横向槽的长度和数量。

　　横向槽如果长度过长，墙面会因为重力而下沉，导致出现裂缝，使室内出现安全隐患。若墙体为保温材料，则会破坏保温层。

地槽避免交叉 ✿

　　地面开槽是必要的，也是最常见的一种电路铺设形式，地槽的好处是可以降低地砖的空鼓率，铺砖时不易损坏电线。

　　需要注意的是，地面开槽应尽量避免槽线交叉，如果不能避免，则要处理好交叉处的线管排列顺序。

▼墙槽尽量竖向走，更安全、更规范。

▼地槽尽量避免线路交叉。

◤监工秘笈支招

009 槽线一定要拍照

　　★槽线全部开好后，一定要拍照并索要线路图，这样做可以更真实地记录线路的走向，方便维修和后期装修。

　　★如果工人在施工时没有按照规范操作，很可能会阻止业主拍照的行为，这个时候要坚决维护自己的权益。

　　★要保留详细的线路图，而不是工人简单手绘的，避免时间长了以后识别不清，为维修带来麻烦。

电路工程验收难题解疑

1.电线是不是必须要穿管才能埋设，不能直接用护套线吗？解答见P46

2.为了方便，一根线管中尽量多放电线可以吗？解答见P47

必须穿管再埋设

进行电路改造时，开槽后必须先埋管再穿电线，不能直接使用护套线埋设在墙、地的槽线内。

将电线穿管有利于日后的维修和更换电线，若直接将电线埋设，会影响散热并引起线皮碱化，造成漏电，甚至火灾，维修的时候需要重新刨墙跑线，很麻烦。

穿管用PVC线管

电线套管应用阻燃的PVC线管，如果经济条件允许，购买专用的镀锌管更好。

如果是对方购买材料，要检验一下PVC管的质量，品质不佳的不能保证安全性。好的PVC管即使用力捏也不会破，弹性和韧性都很好，外壁应光滑、管壁厚度一致，火烧30秒内自动熄灭。

监工秘笈支招

010 电线质量要过关

电线是埋在墙内的，若后期出现问题，维修会很麻烦，因此一定要购买质量合格的产品。可以通过以下的方法来鉴别：

①外观。注意电线是否有"CCC"认证，是否有厂家的名称、商标、规格型号以及是否有合格证。注意生产日期，最好用3年内的产品。

②观察绝缘层。品质佳的电线绝缘层柔软、具有绝佳的弹性和伸缩性，表层紧密、光滑、无粗糙感，光泽度佳。

③观察线芯。线芯关系到电线的传导性和耐久性，选用纯度高原料做成的线芯，表面光亮、平滑、柔软但有韧性，来回弯折测试，也不容易断裂。

电线数量有要求 ✿

一根线管中的电线数量并不是随意的放几根都可以，而是要尽量减少，最多不超过3根为宜，过多不利于检修。

管内的电线横截面面积不能超过管直径的40%为最佳，且管内的线不能有接头，必须一整根线穿过管体。

固定线管 ✿

墙面电线穿管完毕后，需要用水泥或快干粉进行点式固定，同一个槽中选择几个点进行封闭固定。同样，暗盒部分安装完毕后也要固定，防止松动。

地面部分的线管用管卡进行固定，后期再统一封槽。

不同线要分管 ✿

不仅强电线和弱电线要分开距离，不同的弱电信号线也要分管敷设，不能放在一根管中，容易互相影响，使信号减弱。

线头需留长 ✿

当电线穿管完成后，截断电线时，需要注意监督，外部头的长度不能低于15cm，相线进开关，零线进灯头。

▼ 一根线管中最多只能穿三根电线，导线头预留不能少于15cm。

选择电线型号根据实际需求

电线的"平方"是指的什么？越大越好吗？

平方是电线的单位，指的是电线的粗细，电线的型号超出实际负荷的1.5倍即可，并不是越大越好，国家标准家装需用2.5平方以上的电线，实际上普通灯线可用1.5平方即可，特别是节能灯，足够用。家庭装修常用以下几种：

线的型号	用处	承载功率（瓦）
1.5平方	一般电器、照明串联、接地	1650
2.5平方	主线、普通插座串联	2750
4平方	大功率电器插座	4400

▼ 电线的截面面积越大，承载的电器功率也越大。购买电线时注意挑选盘形整齐，包装良好的产品。

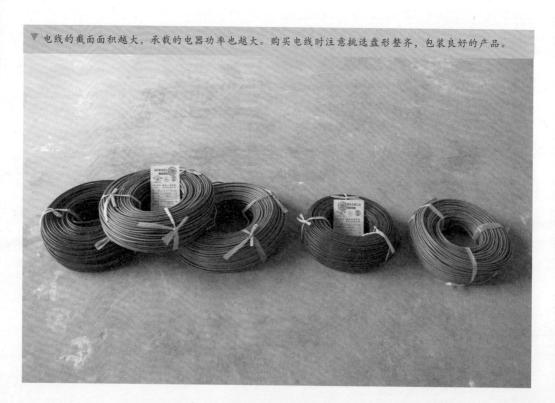

⚙ 电路布管的要求

电路布管有什么监测重点?

开槽后下一工序就是在槽内进行线管敷设,这一步骤也有其严格的要求,可以总结为以下几点,施工时可以重点监督工人:

条目序号	要求内容
①	暗埋导线的外壁距离墙表面不能小于3mm
②	PVC绝缘线管弯曲时必须使用弯管弹簧,管体弯曲后将弹簧拉出,弯管半径不宜过小,当弯曲部分位于管线中部时,将弹簧两边拉上铁丝更容易操作
③	导管与线盒、箱体连接时,管口必须光滑,线盒外侧套锁母内侧装护口
④	敷设导管时,遇到以下情况应加设线盒:直管段超过30m、含有一个弯头的管段超过20m、含有两个弯头的管段超过15m、含有三个弯头的管段超过8m
⑤	若采用金属导管,应设置接地
⑥	管弯曲时半径不能小于管径的6倍,过小会导致拉线困难
⑦	当水平方向敷设的管线出现管径不一致的情况时,一般要求管径小的靠左,大的靠右,依次排列

- -

✏ 监工秘笈支招

011 埋管和穿线的顺序

在家装电路改造中,关于埋管和穿线,不是一定要按照顺序进行的。

可以根据施工人员的惯用操作方式,无论是先埋管厚穿线还是先穿线再埋管,只要操作符合规范要求,都是可以的。

⚙ 开关、插座底盒的连接规范

开关、插座的底盒连接有什么需要注意的？

暗埋的部分除了电路的线管外，另外一项就是底盒的埋设，底盒的安装是否规范影响到后期面板的安装和日后的使用，应引起重视，可以从以下几个方面进行监督：

条目序号	要求内容
①	同一个空间内的底盒，安装尺寸应相同，这个尺寸既包含了水平尺寸也包含了入墙的深度
②	安装完毕的线盒内应清理干净，不能有水泥块等杂物
③	一个底盒中不宜连接太多电线，会影响使用也不安全
④	强电和弱电不能位于同一个底盒中
⑤	底盒内的电线应按照相线将颜色分开
⑥	明盒、暗盒不能混装
⑦	电线管应插入底盒内，两者用锁扣连接

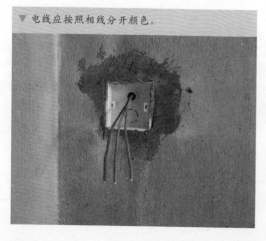

▼ 电线应按照相线分开颜色。

▼ 线管与底盒应用锁扣连接。

电路工程验收难题解疑

1.家里的空开总是跳闸，可能是什么原因引起的？解答见P51

2.配电箱内部安装的具体规范要求是什么？解答见P52

空开保安全

除了埋盒、埋管外，毛坯房电路改造还有一个重要的部分，就是配电箱的安装。

配电箱中的主要工作部件是空开即空气开关，它的作用是当有短路现象时，能够形成回路，将电断开，避免因为电线超负荷引起火灾。

安装不当总跳闸

如果空开安装不当，在今后的使用中即使实际上没有超负荷，也会经常出现跳闸的情况，为实际生活带来不便，在施工人员安装空开时一定要重点监督，是否有按照规范操作，并在安装结束后进行检查，发现不合格立刻返工。

空开总跳闸的原因	
原因	内容
空开安装不良	施工人员在安装空开时操作不规范，桩头的引线不牢固，时间长松动引起发热现象，烧坏外层绝缘线，造成线路欠压
线路改造不规范	线路改造操作不规范，引起漏电、短路
空开质量不合格	如果由对方购买空开，注意检查空开的质量，如果购买的空开质量不合格，也会频繁地跳闸
空开功率与用电不匹配	家里有功率特别大的电器，安装空开时一定要注意功率要匹配，否则在启动时就容易跳闸
厨房、卫生间没有安装防水插座	容易溅水的空间中，没有安装防水插座，插座遇水后就容易短路

强电配电箱的设置要求

配电箱的设计有什么要求？

大部分的业主都是外行，在施工时都是工人说了算，特别是配电箱这一部分，怎么配置空开符合自己需求既不会频繁跳闸又能够保证安全呢，可以参考下表内容：

条目序号	要求内容
①	空开应分几路进行控制，如果面积小可以按照房间分，面积大可继续细分，将每个房间的照明和插座分开控制，家庭配电箱建议大家购买20P以上的
②	配电箱的总空开若使不带漏电保护功能，就要选择能够同时分断相线、中性线的2P开关，如果夏天要使用空调等制冷设备，功率宜大一些
③	卫生间、厨房等潮湿的空间，一定要安装漏电保护器
④	控制开关的工作电流应于所控制回路的最大工作电流相匹配，一般情况下，照明10A，插座16～20A，1.5P的壁挂空调为20A，3～5P的柜机空调25～32A，10P中央空调独立2P的40A，卫生间、厨房25A，进户2P的40～63A

家装全能王

监工秘笈支招

012 空开的连接要求

★除有特殊要求外，空开应垂直安装，倾斜角度不能超过±5°。

★1P[①]（110V）空开安装：相线进入空开，只对相线进行接通及切断，中性线不进入空开，一直处于接通状态。

★DNP空开安装：双进双出断路器，相线和中性线同时接通或切断，安全性更高。

★2P（总空开220V）安装：双进双出断路器，相线和中性线同时接通或切断。

★空开接线：应按照配电箱说明严格进行，不允许倒进线，会影响保护功能，导致短路。

★家用强电箱中的导线，截面面积需按照电器元件的额定电流来选择。

名词解释：①1P：P代表极数，指的是切断线路的导线根数，1P表示切断一根电线，只有一个接头接一根火线。P数增加表示切断线路的导线根数增加。

勿忘漏电保护器 ✿

除了空开外，还有一种断路器叫做漏电保护器，外表区别不大，所以很多时候如果工人不安装，业主也不知道。

漏电保护器的作用 ✿

漏电保护器在检测到电器漏电时，会自动跳闸，在水多的房间，例如厨房、卫生间，最容易发生漏电，这条电路上就应该安装漏电保护器，如果热水器单独一个空开，一定要安装漏电保护器。

不需安装所有线路 ✿

理论上，家装中所有的插座线路都要安装漏电保护器，但是好的漏电保护器非常敏感，如果电线的胶布包裹得不严实，就会经常跳闸，所以可以不用全部安装。

可避免触电 ✿

我国每年因热水器漏电而导致的电击事件经常发生，而人们对于这点安全意思很薄弱。漏电保护器在人体触电或电器漏电时，能够及时地切断电源，及时地保护人身安全。

完工重点查验 ✿

在电箱安装完成后，建议业主重点查验一下，是否有安装漏电保护器，如未安装建议返工安装，以保证自身用电安全。

▼左图为普通空开，右图为漏电保护器，明显区别是漏电保护器带有一个按钮。

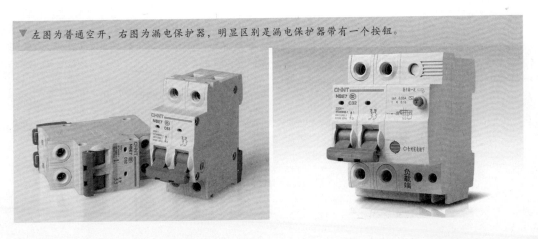

电路改造完工后的验收重点

电改完工后验收的重点是什么呢？

有的业主监工可能没有那么细致，或者时间上不允许细致的监工，就需要在电路改造完成后，进行详细的验收，这个时间最好定在封槽之前，此时细致的验收还能够进行返工，若检查没有问题，封槽后可再检查一下封槽情况。

电路改造完工后的验收重点	
条目序号	内容
①	检查电线的颜色，电线应按照相线分色，不能只使用一种颜色，日后出现问题检修时，容易将电线的作用混淆
②	"火线进开关、零线进灯头，左零右火，接在地上"在接线时一定要严格遵守这个规定，重点检查零线和火线是否由于施工人员的疏忽而接错位置
③	用电笔测试每个房间中的插座是否通电，若有不通电的应及时检修
④	开启所有电器，进行24小时的满负荷实验，检测电路是否会出现问题、空开是否会经常跳闸
⑤	检查线路的走向是否符合自己的具体要求，所有的插座、开关位置是否正确
⑥	拉下电表总闸，看下室内是否会断电，检查其是否能控制室内的灯具及室内各插座（总闸商品房位于楼道内，别墅类独栋在室内）
⑦	强弱电线管在地槽中交叉相过时，应对其中一方线管用锡纸进行包裹，避免弱电信号受到干扰
⑧	厨卫空间里位于吊顶上的电线，要预留10cm在线管外，用于连接电灯、浴霸等设备，同时凡是露在线管外的电线都应用软管进行保护
⑨	电箱内的每个回路都应粘贴上对应的回路名称，例如卧室、厨房，若有进一步的细分也应标注

家装全能王

054

泥瓦工程验收

面子工程 仔细对待

⚙ 泥瓦工程是面子工程，不可忽视

泥瓦工的验收都包括哪些方面呢？

泥瓦工是家庭装修中的一个重要环节，它关系着房屋后期能否正常使用，也直接影响到整体装修的外观，很多泥瓦工程不合格都是赶工造成的，因此在泥瓦工验收中需要仔细核对每一个细节，控制好整体质量。提起泥瓦工，第一时间想到的肯定是铺砖的活计，那么，泥瓦工到底包括哪些方面呢，主要验收些什么？可以参考下表。

项目名称	验收注意事项
防水层	泥瓦工进场后第一个工序是对厨房、卫生间的地面进行二次防水。具体做法是基层处理后用专用材料涂抹地面，厚度保持在1.5mm以上，完工后要做闭水测试，测试防水层有无渗漏
砌墙、砖包立管	如有砌墙、砖包立管工序，墙体应平整，灰缝应饱满
墙地砖铺贴	卫生间、阳台地面铺砖，地漏应在最低点，没有特殊原因不能有积水的现象
	地砖的缝隙须一致，地砖水平面允许有2mm的误差，砖与砖对角处应平整，允许误差为0.5mm
	墙砖碰到管道口需采用套割的形式，更美观也更实用
	厨、卫墙面砖除砖与砖对角处应平整外，水平允许误差1mm、垂直允许误差2mm
	墙、地面铺贴应无空鼓现象，一面墙上不能有两排非整砖
	砖体铺贴应平整，表面洁净、色泽协调，图案对花正确

泥瓦工程验收难题解疑

1. 防水层施工对施工环境有什么要求？ 解答见P56
2. 闭水试验需要做什么准备？时间做多久合适？ 解答见P59

施工环境要求 ✿

①防水涂料一般都属于易燃品，摆放要求远离火源；

②施工空间内需要有足够的照明和通风，如果温度在5℃以下或下雨的情况禁止施工；

③操作人员需要有专业资格证，穿平底鞋作业；

④严谨无关人员进入施工空间中，除了施工需要的材料和工具外，不得有其他杂物，以免损坏防水层。

地面基层处理 ✿

涂刷防水层之前，基层一定要先进行找平处理，找平的效果好坏直接影响涂料涂刷水平，地面、墙面不平会使防水涂料薄厚不均而导致开裂、渗漏。

坡度要求 ✿

卫生间地面找平厚的坡度建议为2%～5%，即距离地漏每增加1m，高度增加2～5cm。完成后可用乒乓球放在地面上，以自动滚向地漏为合格。

监工秘笈支招

013 防水涂料搅拌很重要

防水涂料的搅拌很重要，将粉料和液料混合后，用电钻搅拌，时间不能少于5分钟，如果是人工搅拌，则不能低于10分钟，搅拌均匀后不要马上使用，静置10分钟后再使用。涂刷过程中，如果有气泡要及时刷开。

防水涂料施工要求 ✿

①施工前确保基层整洁、干燥；

②施工完毕要求涂料要涂满面层、无遗漏，厚度达到材料说明要求；

③涂料与基层结合牢固，干透后没有裂纹、气泡和脱落现象。

涂料不宜过厚 ✿

防水涂料的层数可以根据涂料的特点而具体决定，如果刷两次后还没有完全覆盖住，可以增加层数，但并不是越厚越好，太厚很容易开裂。

墙面防水要点 ✿

卫生间的墙体如果是非承重墙，或者没有淋浴房，淋浴墙面防水涂料要刷到1.8m高。非淋浴墙面要求刷大约30～50cm高的防水涂料，以防积水渗透墙面返潮。

第一、二遍反向刷 ✿

涂刷防水涂料时，第一层统一向着一个方向刷，等第一层没有干透但手摸不会粘手时就应开始刷第二遍，如果完全干透可洒少量水，使两层结合得更紧密。刷第二层时，方向应与第一层相反或垂直。

注意边角 ✿

阴阳角、管道周围要处理成圆弧，利于积水流出。

地漏边缘、墙角、管道根部等接缝处建议使用高弹性的柔性防水涂刷，避免接缝移位导致渗水。

涂料严谨加水 ✿

在搅拌涂料的过程中，将粉料和液料按照说明比例混合即可，不可加入水或者其他液体对涂料进行稀释，一定要严格监督施工人员，避免偷工减料。

预留足够时间 ✿

防水层完工后，要预留足够的时间使其与建筑层更好地结合在一起，而后再进行闭水试验。

全部都检验合格后再进行铺砖，一旦发现渗漏问题，马上用专业的补缝防水材料修补。

家装全能王

1.找平处理

2.对墙角做处理

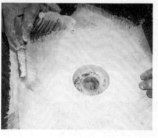

3.处理管道口

4.处理管道根部

5.涂刷其他地方

6.墙面涂刷1.8m

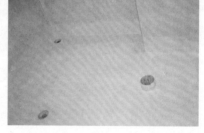

7.完工晾干

1.对基层进行找平处理，地面要求坡度符合要求。

2.先处理墙角，不得露底，均匀涂刷。

3.而后处理管道口，例如地漏口、下水口等地方。

4.涂刷管道根部。

5.涂刷除了墙角和管道口的其他地方，第一遍和第二遍方向相反，第二遍比第一遍略少约0.5mm，可以用刷子也可以用滚筒。最终使界面涂满且涂料厚度均匀一致。

6.卫生间墙面淋浴区涂刷1.8m高。

7.完工后要求涂料厚度均匀，厚度在2mm以上，不允许有露底、气泡、气孔、起鼓、脱落、开裂、翘边和收口密封不严等现象。

闭水试验不可忽视

闭水试验是怎么操作的，这一步重要么？

家庭中所有安装地漏的房间内，在防水层干透后，都需要做闭水试验，这是为了检测防水层是否能够完全防水，如果防水层有渗漏，应该马上修补，否则日后不仅影响自家装修，也会对楼下住户造成影响。具体操作方式如下：

①封地漏。如果地漏预留的排水管较低，首先应将地漏位置的排水口封住，可以将沙子装入塑料袋中，将其堵在排水口上，沙子的颗粒小，且形状可以随意改变，能够很好地防止水留入排水口。

②堵门口。如果测试房间与外面房间的地面等高，用水泥将门口封住，水泥干了以后再做实验，这样可以防止水流入其他房间中。

③放水。水要将整个房间的地面盖住，高度为2cm左右，这样可以避免水分蒸发。放水时，与水流直接接触的地面建议放遮挡物阻挡一下，以免水压破坏防水层。

④等待时间不能小于24小时，之后观察楼下有无渗水，若没有渗水现象则防水合格。

▼ 若地漏排水口位置低，先将其堵住，而后再放满水。

监工验收全能王

监工秘笈支招

014 闭水试验前先验防水层

闭水试验应在防水施工完成并干燥的24小时后进行，同时在进行前应先与楼下住户联系好，做好漏水预防和协助。

试验前首先应检查防水施工质量，如涂层表面是否平整光滑，有无开裂现象；阴角、阳角、地漏、排水管根部等是否进行补修处理。

泥瓦工程验收难题解疑

1.隔墙用什么方式施工比较好？解答见P60

2.包立管有什么讲究吗？监工的重点在哪里？解答见P61

不同隔墙的特点 ✿

很多居室因结构不符合居住习惯需要进行调整，除了拆墙外还需要砌墙。砌墙最常见的材料有三种，分别为红砖、轻质砖和轻钢龙骨，具体可根据需要选择。

材料	特点
砖墙	优点：墙体结构牢固，防潮隔音效果好，适合小面积的隔墙。
	缺点：载重量比较大，只能建在楼下的梁上方，施工进度慢，墙体面积大时不建议使用。
轻质砖	优点：重量轻、强度高，耐水抗渗、施工快捷，适合高层。
	缺点：隔音、防火效果比红砖墙差。
轻钢龙骨	优点：施工简单、快捷，墙体较轻。
	缺点：隔音差，如果用在卧室等私密空间，需要在中间加隔音棉，但不够环保，承重低。

砖砌隔墙的重点 ✿

砌好的隔墙后期还要进行装饰，基层的好坏直接会影响后期的装饰，砖砌隔墙的监工重点如下：

序号	要求
①	施工前，提前两天将砖润湿，不要现浇现用，严谨直接使用干砖。
②	砂浆要现用现拌，且应在搅拌后3小时内用完，如果气温高于30℃，应在2小时内用完。
③	砂浆出现硬化应停止使用，不能加水后继续用。
④	水泥砂浆中添加塑化剂会降低墙体的抗压强度，最好不要添加，一定要添加的话，要对配比比例进行测试。
⑤	若采用铺浆法砌墙，铺浆的长度不能超过750mm，若施工期间温度超过30℃，铺浆长度不能超过500mm。

家装全能王

什么是包立管 ✿

　　包立管是将厨房、卫生间等一些用水量、排水量较大的空间——下水管道和给水管道的立管，用装修材料使其隐藏起来，使其更美观、整洁。常见的有砌块包管、木龙骨、轻钢龙骨和塑铝板四种方式。

瓦工负责的工序 ✿

　　包立管有很多方式，其中砌块包管属于瓦工负责的范畴。砌块包管是指用红砖或砌块将管道包裹起来，因为面积小，很多业主都会觉得很简单，忽视这个步骤的监督，其实大有学问。

砌块包管的监工重点	
条目序号	内容
①	砖体材料要洒水沾湿后使用，才能与水泥结合得更紧密。
②	将老墙凿毛，而后植筋，即在两层轻体砖间每隔500mm加一道钢筋与原墙体连接，入墙的两端用植筋胶泥固定，可确保新墙体与老墙体之间不开裂。
③	包管完成后晾干，外面挂一层铁丝挂网，之后抹灰并拉毛处理再铺砖。
④	包管的时候尽量紧贴管道，减小占地面积，并记得预留检修孔。

▼将钢筋弯曲后，两端插入旧墙体之中。

▼完工后外层要挂铁丝网，记得预留检修孔。

监工验收全能王

泥瓦工程验收难题解疑

1.梅雨季节可以进行泥瓦工程吗，需要注意些什么？ 解答见P62

2.说起铺砖最长听见的就是空鼓，这个是怎么引起的？ 解答见P63

铺地砖要找平

铺地砖是家装中流程最大的工序，直接影响到整体的美观程度，想要地砖铺得平整，找平是关键。

这一环节对工人的施工水平有着很高的要求，绝对不能偷工减料。要求用水泥砂浆找平，水泥干透后，用水平尺测量水平度，而后再进行下一步。

水泥砂浆的比例

不同的工序对水泥砂浆的比例要求是有区别的。砌墙的砂浆比例为1：2；贴墙砖的砂浆比例为1：2；铺地砖的砂浆比例为1：3，且不能过稀；地面找平的砂浆比例为1：1。

水泥不能用过期产品和劣质沙子，不能使用环保超标的界面剂。

监工秘笈支招

015 泥瓦工梅雨季节施工注意事项

★水泥结块不能用。黄梅季节空气比较潮湿，水泥很容易结块，如果出现这种现象说明水泥已经失效，黏结力很差，容易碎裂脱落。

★瓷砖泡水可缩短时间。梅雨季节比较潮湿，瓷砖泡水的时间可以少于平日，浸泡1小时到1.5小时即可。

★找平更重要。梅雨季节的水泥干燥速度要慢于平时，所以找平要求更高一些，如果基层不平，砖体更容易脱落。

★注意水泥砂浆比例。为了节省水泥，施工人员平时可能会减小砂浆中水泥的比例，如果梅雨季节中这么做，将降低砂浆的粘结度，很容易造成开裂、脱落的现象。

应该怎么避免墙面砖、地面砖的铺贴中出现空鼓现象？

很多业主购买了高档次的瓷砖，但使用一段时间后墙面、地面就会出现裂缝、翘起的现象，严重影响使用和美观。既然不是瓷砖的问题，那这究竟是由哪些原因引起的呢？

原因	具体描述
水泥过期	水泥出厂后，保质期是半年，若环境潮湿，则为3个月，如果超过了保质期使用，粘结力将下降很多，就容易出现空鼓或导致裂缝，不应因为水泥太普通而忽略其品质
不同标号水泥混用	注意不能将不同标号的水泥混用，混用后也会降低其粘结力，当由施工方购买材料时，一定要特别留意
砂子品质不佳	黄砂要用河砂，中粗砂，不能粗细不均
偷工减料	施工人员在砖背上涂抹的砂浆厚度不均匀，或者地面、墙面的砂浆不满，空鼓率就会增加
砂浆比例不合理	施工人员的技术不合格，铺砖所使用的砂浆比例和胶黏剂的配比不合理。一般来说干铺法铺地砖的水泥、砂子比例为1:3，墙砖一般用湿铺法，水泥、砂子比例为1:2，若降低水泥的比例，或搅拌不均匀，会造成强度不够，而产生裂缝
时限未到随意走动	地砖铺贴完成后，应空置24小时，如果时间未到就在上面走动，下方砂浆会流动，而造成大面积的空鼓

监工秘笈支招

016 工人技术很重要

市场上泥瓦工的工资相差很大，这是一个需要经验和手艺的工种。特别是地砖的铺贴，很多家庭选择大块的800mm×800mm左右的砖体，

面积越大的砖对铺贴技术的要求就越高，仪器只能测出大概的水平方位，而更重要的是工人的手感。

如果是自己找施工队施工，建议不要找工费特别低的，避免因小失大。

泥瓦工程验收难题解疑

1.朋友家铺了木地板，但是总有一层白灰是什么原因？解答见P64

2.砖在铺贴前是不是都必须进行浸泡，时间多久？解答见P65

找平误差要小

无论是铺砖还是地板，铺设前都要对地面进行找平，水泥的厚度一般为3~4cm，由于施工人员的水平不一，允许有一定的误差。

找平效果	误差数值
合格	2m²面积以内，水平误差数值小于3mm。
轻度不平	2m²面积以内，水平误差数值大于3mm。
严重不平	2m²面积以内，水平误差数值大于5mm。

误差测量方法

用2m长的靠尺，在2m²的地面上交叉测量，若下方缝隙大于3mm，就视为不

平，不能进行下一工序。

如果不予理睬，继续铺砖，很容易造成空鼓，若铺地板会出现空响、翘曲不平，容易起白灰等现象。

地面找平步骤

①在墙面上弹出水平线；

②在地面上画出若干个与墙面水平线平行的点；

③将水泥和砂子搅匀，拌成砂浆，铺设地面；

④在水泥砂浆未完全干透时，进行"收光"①处理；

⑤在之后晾干，晾干应阴干，每天洒一些水在地面上，避免快干。

名词解释：①收光：在人踩上去有点硬的时候用光水泥在地面上平均铺一成，要求薄一些，有水的地方多铺点，然后用平板跑光。

铺砖亲自监督，不应放松

除了避免空鼓，铺砖过程中还有什么需要注意？

铺砖是家装中的一项重要工序，不论面积大小，亲自监督都是必不可少的，虽然重点在于是否平整、有无空鼓，但是同时还有一些其他的事项需要注意：

注意事项	内容
砖是否要泡水	施工前监督施工人员阅读瓷砖铺贴说明书，不同品牌、不同类型的瓷砖铺贴要求是不同的，并不是所有的砖都要求泡水。有的砖无须泡水就不能泡；对要求泡水的砖，一定要浸泡足够的时间，避免因为时间短，砖体与水泥粘结不牢固而导致空鼓、脱落
	瓷砖泡水还可以检验瓷砖的质量，浸泡后，好的瓷砖吸水率低，而劣质的瓷砖吸水率会高很多，浸泡12小时，比没有浸泡之前颜色越深、重量越重的砖说明吸水越多，质量也就越差
吃浆要充足	铺砖时，要求施工人员用手轻推放地砖，使砖体与地面平行，排除气泡；而后用木槌轻轻敲击砖面，让砖底吃浆充足，防止产生空鼓；之后再用木槌敲击使其平衡，并用水平尺测量，随时调整，确保水平
砖缝应符合要求	砖缝是否有设计要求，如有，按照要求操作；若没有要求，一般砖缝的宽度不宜大于1mm，同时缝隙应均匀
天气干燥，墙面宜喷水	若施工时天气特别干燥，提醒施工人员向墙面喷水，保持湿度，可以减少空鼓率
检查空鼓，及时返工	当砖铺贴好12小时后，用空鼓锤轻轻敲击砖面，如果有沉闷的"空空"声，证明有空鼓出现，应及时返工
阳角[①]处理方法	避免阳角破损可以将瓷砖使用收边条，例如不锈钢条、铝条等进行包边，或者将瓷砖磨成45°角进行拼接

名词解释：①阳角：指装修过程中，在墙面、柱子等突出的部分，瓷砖与瓷砖形成的一个向外突出的角。

监工验收全能王

铺地砖的规范操作

铺地砖的规范工艺流程是什么？

　　铺地砖是每个家庭装修都能遇到的工序，如果铺设不好，使用一段时间后会出现翘起、不平等问题，严重影响使用和美观，想要达到好的效果，除了施工人员的技术外，严密的监工也是不可缺少的。对于外行的业主来说，明确铺设流程才能更好地监督施工人员。

铺地砖的规范操作	
条目序号	内容
①	在墙脚固定一块砖，便于找平高度，而后在地面上拉线，作为找平的高度线
②	在调好比例的砂浆中加入少量的水，保证砂浆的干湿适度，用手握成团测试，以落地开花为佳，要将砂浆摊开铺平
③	准备纯水泥浆，砂浆用来铺地、水泥浆用来抹砖
④	地面洒水，之后撒上一层纯水泥，用扫把扫匀，厚度控制在0.4~0.5mm
⑤	将水泥砂浆倒在地面上，抹平
⑥	把地砖铺在砂浆之上，使用橡皮锤敲打结实，以第一步固定的那块砖为基准，将后面的砖找平
⑦	调整好水平度后，将砖拿起，看砂浆是否饱和、均匀，撒上砂浆进行补充填实,第二次铺设上瓷砖，敲打结实并保持与基准砖平齐状态
⑧	继续检查砂浆的饱满度、有无缝隙，确认没有问题后，在砖体背面涂抹纯水泥
⑨	第三次将砖铺好，同样需要与基准砖水平对齐，使用水平尺检查瓷砖是否铺贴水平，之后使用水平仪配合卷尺检测铺砖的整体厚度，3~5cm为佳
⑩	用刮刀从砖缝的中间划开一道，以保证砖和砖之间的缝隙，防止热胀冷缩。
⑪	最后进行勾缝，地砖砖铺好后24小时内不能踩踏

地面要清理干净 ✿

在进行铺砖前不要忘记提醒施工人员将地面清理干净，如有油污应用10%的碱水清刷，用水及时冲洗。

地砖到货后，先进行筛选并分类存放，挑出有裂缝、掉角、表面有缺陷的地砖调换货品。

铺地漏先切砖 ✿

卫生间、厨房等空间中都有地漏，铺砖前应先保护好管道口。

在铺设到地漏的时候，需先切砖，按照地漏口的大小，将砖挖空而后切成4块，铺贴成漏斗的形状，这样做利于排水，之后在地漏后面涂抹纯水泥，按在地上即可。

完工基本要求 ✿

①面层与基层的结合要牢固无空鼓；

②地砖表面应洁净无污物、无划痕、无色差；

③相邻砖的水平高度应一致，误差不超过1mm；

④石材、地砖颜色和图案应符合设计和业主的要求；

⑤地砖与墙之间的预留缝隙合适，能完全被踢脚板遮盖，且宽度一致，上口齐平；

⑥接缝均匀、顺直，转体无裂纹掉角、缺楞现象；

⑦有地漏的房间，坡度应符合要求且地漏最低，砖与地漏周边结合紧密，地面不能有积水。

🖊 监工秘笈支招

017 预铺与拉线不能少

★预铺：在进行实际铺贴前，建议在地面按照设计图弹线、定位，先进行一次预铺，查看一下砖有无缺失，并查看花色正确与否，并设计好非整砖的位置（一面墙上不能有两排非整砖），如果有问题及时调换，避免耽误工期。

★拉线：拉线是以基准砖为水平标准的定位方式，地砖应拉井字线，墙面放垂直线，有了参照以后可以使铺砖工序更快、更平整，可以避免砖铺设的高度参差不齐。

铺墙砖的规范操作

铺墙砖的规范工艺流程是什么？

墙砖与地砖的铺设步骤大体相同，总的来说为清扫基层→抹底子灰→选砖→浸泡→排砖→弹线→粘贴参考砖→粘贴瓷砖→勾缝→擦缝→清理。每一步都有其规范操作，过程中重点监督比起后期再来验收，可以减少很多麻烦，也使装饰效果更完美。

	铺墙砖的规范操作
条目序号	内容
①	清理墙面，提前一天浇水湿润，如果基层是新墙，在水泥砂浆七成干时，就应该开始粘贴墙面砖
②	底部安装支架，从下向上测量"一米线"，在墙角粘贴一块砖作参考砖，作为水平度参照
③	瓷砖粘结剂兑水，涂抹在瓷砖背面
④	继续在粘结剂层上面涂抹水泥砂浆，沿着支架开始粘贴瓷砖，自下向上粘贴
⑤	用墙皮锤敲打，使砖与墙体接触严密
⑥	用靠尺检验水平度、铅锤检测垂直度，不平、不直的，要取下重粘
⑦	粘贴时要求灰浆饱满，如果有缺浆的地方，随时取下重新粘贴，不允许从砖缝、缝隙处塞灰补垫
⑧	砖与砖之间塞入"十字架"，使缝隙平直
⑨	在瓷砖缝隙补上水泥
⑩	粘时遇到管线、灯具开关、卫生间设备的支承件等，禁止用非整砖拼凑粘贴
⑪	一个房间中砖的铺贴最好一次完成，否则容易造成空鼓，若一次不能完成，应将接茬口留在施工缝或阴角处

卫生间要先防水

卫生间的墙面要先做防水，之后涂刷界面剂，完毕后再按照正常步骤进行墙砖的铺设。

完工基本要求

①要求瓷砖表面洁净、色调协调、图案符合设计要求；

②砖面层应洁净无污物、无划痕、无色差；

③砖整体水平且垂直，无歪斜、缺棱掉角和裂缝等缺陷；

④接缝处填嵌密实、平直，缝隙宽窄均匀、颜色一致；

⑤非整砖铺贴部分要求排列平直；

⑥管道等空洞边缘整齐、尺寸正确；

⑦检查平整度误差小于2mm，立面垂直误差小于2mm，接缝高低偏差小于0.5mm，平直度小于2mm。

干铺法和湿铺法

铺瓷砖可以分为干铺法和湿铺法，两种方式各有优缺点，施工前可以跟施工人员咨询，选择适合自己且施工人员比较常用的方法较好。

瓷砖两种铺法的比较		
	干铺法	湿铺法
砂浆比例	水泥和砂子比例为1：3或1：2，砂浆较干，落地开花	水泥和砂子比例为1：5或1：4，砂浆较湿
适用部位	地面上，且铺设大理石、花岗岩及大于500×500的全瓷砖必须用干铺法	墙面、地面，卫生间和厨房的地面只能采用湿铺法，可以避免渗水
做法	背面涂抹水泥浆后将瓷砖放在水泥砂浆上，用橡皮锤敲实	在瓷砖背面涂抹粘结剂而后再涂抹水泥砂浆，粘在墙上
优点	可避免空鼓，平整度好、不变形	施工快捷、简单，价格低、厚度薄
缺点	对施工人员的技术要求较高、工费高，施工速度慢、整体厚度厚	平整度差，砂浆水分多，水分蒸发后容易出现空鼓

泥瓦工程验收难题解疑

1. 我家卫生间买的无缝砖，贴砖时是不是不需要留缝？解答见P70

2. 邻居家墙面进行了拉毛处理，有什么作用，必须做么？解答见P71

无缝砖也要留缝

无缝砖指砖的侧边为90°角的墙砖，因为边缘垂直，所以两块砖对接时，可以没有缝隙。

它包括了一些大规格的釉面砖及玻化砖，特点是尺寸大，对缝小，比起有缝砖更美观。

虽然叫做无缝砖，在铺贴过程中还是建议要留缝隙，特别是温度变化大的地区，瓷砖本身也有热胀冷缩的特点，如果完全不留缝，很可能会开裂、翘起。

找经验丰富的工人

无缝砖的面积较大，讲究铺贴平整，切要调整整体缝隙，对施工工艺要求高，因此建议请经验丰富的施工人员施工，如果没有做过，很难做得好。

"十字架"不可少

使用"十字架"来辅助留缝，能够保证接缝平直、缝隙均匀。它有很多型号，例如1mm、2mm、3mm、5mm等。

监工秘笈支招

018 无缝砖的缝隙宽度

★若在厨房、卫浴铺贴无缝墙砖，砖的缝隙一般留1~1.5mm，不小于1mm。

★若地面砖也采用无缝砖，铺贴时缝隙通常为1.5~2mm，砖体的尺寸如果较大，缝隙一般留在2mm左右，缝隙过大会影响美观。

★缝隙的宽度还应结合当地气候，可与有经验的施工人员一起商讨。

墙面拉毛处理的作用

什么是墙面拉毛处理，有什么作用？

拉毛处理就是增加墙面的粗糙度，以强化水泥砂浆与墙面的接触面积，使墙砖铺贴得更牢固。通常用在瓷砖的时候，光滑的墙面贴瓷砖不如毛面的墙面牢固，在施工时，如果想要强化牢固程度，可以要求施工人员对墙面进行拉毛处理。

如果厨、卫的墙面原本就是毛坯墙，无需拉毛，但卫生间墙面一般都要做防水处理，做完防水建议要做拉毛处理，否则时间长了容易掉砖。

拉毛处理有两种方法：一种是用切割机在墙上划凹槽也叫凿毛，另一种是甩泥。

甩泥比较常用，将墙面润湿，用胶调水泥浆，用扫把蘸取水泥浆水，在墙面拍打、用扫帚甩或者用滚筒滚，使水泥水渗透进去，在墙体表面形成粗糙的凸点。

做好后拉毛要坚硬，用手抠不掉，墙面做好拉毛处理后最好空置几天，等待干透再进行下一步。

▼ 左图为甩泥式拉毛效果，纹理明显、较粗糙；右图为滚筒拉毛，不如甩泥效果粗糙。

监工秘笈支招

019 瓷砖变色的主要原因

★砖本身的原因：质量差、釉面过薄。

★施工原因：泡砖的水不干净、水泥砂浆不纯净，施工时砖的面层粘了脏污而没有及时清理。如果砖变色明显，应及时更换，以免影响整体效果。

泥瓦工程验收难题解疑

1.勾缝到底是用白水泥还是填缝剂？有什么区别？解答见P72

2.怎么检验瓷砖的勾缝是否合格，施工有什么规范要求？解答见P73

▼ 从上至下分别为白水泥、填缝剂和美缝剂的填缝效果。

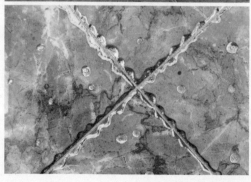

勾缝剂的种类

瓷砖勾缝常见的材料有白水泥和填缝剂两种，以前常用白水泥，而现在较多用填缝剂，两材料各有其特点。

三种勾缝剂的区别	
名称	区别
白水泥	分为普通白水泥和装饰性白水泥两种，白度低、粘贴强度低，易粉化、填缝后易变黄，在潮湿环境里特别容易滋生霉菌，价格低
填缝剂	白度和强度都高于白水泥，防霉菌、粘贴强度高，可清洗。填缝剂颜色多样，白色填缝剂与白水泥一样，容易变黄，很多人都选择黑色的，彩色的没有光泽度，适合与仿古砖搭配
美缝剂	填缝剂的升级板，彩色品种的装饰性和实用性都高于填缝剂。它不是单独使用，而是需要将其涂在填缝剂的表面，可以美化缝隙，并保护填缝剂

⚙ 不可忽视的工序——勾缝

勾缝有什么施工要求？

砖铺设完成后，砖与砖之间还会留有缝隙，需要使用勾缝材料将缝隙填平，可以避免灰尘、脏污的堆积，也能够使砖看上去更立体、更有层次。工序虽然听起来不复杂，也一定要把好质量关，如果施工人员操作得不规范，砖缝就容易变黑、变黄，严重影响美观。

勾缝的规范操作	
条目序号	内容
①	贴完瓷砖后需要等水泥干透后再进行勾缝，最少为48小时，如果阴雨天还需要拉长，过早的勾缝容易脏、易松动
②	进行勾缝前要将砖体表面擦拭干净，尤其是使用水泥勾缝时，粘上尘土容易使缝隙发黑
③	调勾缝剂加水要适量，并搅拌均匀，之后静置10分钟左右再使用
④	深色勾缝剂尽量避免超出砖缝太多，粘在砖体上的要尽快用干净的棉纱擦去，不能用湿布擦，若清理不干净可以用草酸试试
⑤	勾缝过程中需要耐心，需要顺着方向均匀地施工
⑥	等待填缝剂干透以后，可以在缝隙表面涂一层蜡，能够封闭填缝剂，避免变黑

▼ 勾缝须平整、结实，缝隙的宽窄要一致，最好用塑料十字架定位。

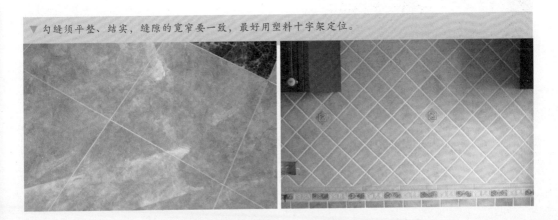

泥瓦工程验收难题解疑

1.地面找平后卫生间和过道一样高，是不是需要做门槛石？ 解答见P74

2.门槛石能够完全地阻挡水流向过道吗？ 解答见P74

门槛石可挡水 ✿

如果地面全部做完找平处理后，卫生间、厨房等常用水的空间和过道、客厅等空间高度相同，建议在厨卫门口安装门槛石，当水漫布地面时，可以起到阻挡作用，避免流向其他空间。

▼门槛石的位置比两侧的地面都凸出一些，能够有效地阻止水漫延到其他空间。

别忘了止水线 ✿

即使安装了门槛石并且高度足够，还

是不能够阻止水流向其他空间，是因为缺少了止水线。

止水线也叫止水坎、挡水坎，是用纯水泥在卫生间门口做的高1～2cm的U形小坎，位于门槛石的下方。门槛石缺了它就不能完全地阻挡水流。

做止水线的时间 ✿

止水线施工的最佳时间是在卫生间的闭水试验完成后，让施工人员操作，完成后在四周涂上防水胶。工序简单，时间不长，但却能够解决大问题，一般工人师傅都会乐于帮忙。

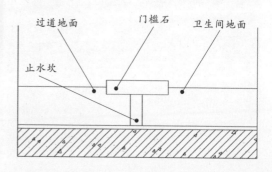

木工工程验收

要美观也要实用

木工工程与生活息息相关，美观也要实用

家装的木工工程都包含哪些方面？

木工工程是家装工程中包含项目较多的一项工程，它不仅要美观更要实用，如果家里的门、衣柜都需要现做而不是定制，那么就要在施工过程中严格地把好质量关，若监督不严格，在后期的使用过程中，很可能会出现物品变形、闭合不严等问题，为生活增添烦恼。

项目名称	验收注意事项
龙骨隔墙	木龙骨和轻钢龙骨石膏板隔墙都属于木工的施工范围，龙骨做好防火、防腐处理，沿顶和沿地龙骨与主体结构连接平整、垂直、牢固，罩面板表面应平整、光滑、整洁，没有缺损
吊顶制作	吊顶用木龙骨必须涂刷防火涂料，涂料应完全覆盖龙骨面层，眼观无木质外露，涂料厚度、涂刷方法应符合相应涂料使用说明的要求
	主龙骨间距不大于300mm，次龙骨间距不大于400mm，木龙骨吊杆间距不应大于600mm，且应位于横向龙骨的中央
	悬臂式龙骨的挑出长度不宜大于150mm，如果特殊要求按照设计施工，如果距离长必须进行加固，次龙骨在接处对接错位偏差不应大于2mm
	木龙骨安装需牢固、骨架排列应整齐顺直，搭接处无明显错台、错位
门、窗制作	基层误差如果大于30mm应先做找平，门套、窗套应为多点位支撑，确定横平竖直后，应用胶水填实，以加强坚固程度
	门、窗套基层可用木方或厚胶合板冲成一定宽的木条，也可用大芯板制作整体基层，外层贴饰面板与墙体的缝隙之间应用填充材料填实

项目名称	验收注意事项
门、窗制作	门窗套安装完毕后，应没有空鼓现象，立板应无弯曲现象，门套线与墙体表面密合
	门扇要求方正，没有翘曲，闭合严密，离地缝隙符合要求
	门扇安装须稳固，合页和门锁处应加固，面层的板材色彩和纹理应符合设计要求，开合应顺畅
	门与门框应四边平行，开合轻便
橱柜、衣柜制作	重点检验柜子的结构是否跟设计图纸相符，检查各部件之间的连接是否够稳固
	结构是否平直，弧度及圆度是否顺畅，缝隙尺寸是否符合要求
	检验柜门上钉眼是否有补好，开关是否轻便没有声音

木工工程验收难题解疑

1.木龙骨隔墙的规范施工步骤是什么？ 解答见P76

2.隔墙是木龙骨好还是轻钢龙骨的好？ 解答见P78

材料要求

木龙骨应干燥无潮湿现象，节眼不能大于截面的1/3，不能有任何缺损、变形，施工前做好防腐、防火处理；面板应表面平整、边缘整齐，没有污垢、裂纹、缺角、翘曲、起皮、色差、变色等问题。

木龙骨施工步骤

木龙骨隔墙的施工有其标准的步骤，如果在现场监工，可以观察施工人员的施工是否规范。操作步骤为：墙位放线→安装沿墙龙骨→安装沿顶、沿地龙骨→安装竖龙骨→固定面板→对接缝进行处理。

家装全能王

木龙骨隔墙施工的规范操作	
项目名称	内容
弹线	在需要固定隔墙的顶面和墙面上，用墨斗线弹出隔墙的边缘线和中心线
安装龙骨	先安装沿墙龙骨，使隔墙的位置固定，而后安装沿顶、沿地龙骨
	安装沿顶、沿地龙骨应用冲击钻打孔（深度不低于60mm，距离不低于600mm），孔内打入木楔，而后用圆钉或膨胀螺栓固定在顶面及地面上
	之后安装竖龙骨，竖龙骨要求垂直，上、下头要紧顶沿顶和沿地龙骨，用斜向钉子固定牢固，之后在竖龙骨之间固定横撑
	整体龙骨架固定好以后，检查牢固度及水平、垂直度，没有问题后再固定面板
封面板	龙骨架验收合格后方可封面板。用自攻钉固定面板，边沿部分的螺钉间距不宜大于200mm，中间部分的螺钉间距不宜大于30mm，螺钉距离板的边缘适当距离为10~16mm
处理缝隙	将嵌缝膏填入缝隙中，抹平压实，厚度不应高出板面。待其干燥后，再用嵌缝膏涂抹在缝隙两侧的板面上，宽度不小于50mm
	在嵌缝膏上层粘贴接缝纸带，将其压实，两者之间不能有气泡，待干透后，再继续涂刷两遍嵌缝膏，用砂纸打磨，使其与面板高度平齐

020 面板安装要求

★石膏板宜竖向铺设，长边接缝宜落在竖向龙骨上；

★如果隔墙内需要做隔声、保温、防火等材料的填充，应等待一侧面板安装完成后再进行，处理完成后再封另一侧面板；

★安装石膏板时，应从板的中部开始向板的四边固定；

★钉子需要进入板内，但不能破坏板材表面，钉眼用腻子填平，钉头做防锈处理；

★位于端部的石膏板与周围的墙或柱应留有3mm的槽口，之后用嵌缝膏补齐。

开工先验料

在施工前需要对材料进行检验，看规格是否符合设计要求，并检验是否是正规品牌、是否有合格证等。

隔墙材料的选择

家庭装修中隔墙材料一般使用轻钢龙骨较多，和木龙骨隔墙比较各有其优缺点，可根据情况自行选择。

①木龙骨。整体结构较稳固，价格低；木料受潮容易变形、易燃、易腐蚀、易受虫蛀、刚度小。

②轻钢龙骨。自重轻、刚度大、防火、防潮、不易变形；稳固性略差于木龙骨，价格贵一些。

轻钢龙骨施工步骤

轻钢龙骨的施工步骤与木龙骨大体相同，详细步骤为：墙位放线→安装沿墙龙骨→安装沿地、沿顶龙骨→安装竖向龙骨（包括门口加强龙骨）、横撑龙骨、通贯龙骨→各种洞口龙骨加固→固定面板→对接缝进行处理。

轻钢龙骨隔墙施工的规范操作	
项目名称	内容
弹线	在需要固定隔墙的顶面和墙面上，用墨斗线弹出隔墙的边缘线和中心线
安装龙骨	先安装沿墙龙骨，使隔墙的位置固定，而后安装沿顶、沿地龙骨
	沿地、沿顶龙骨与地面、顶面接触处要严密、固定牢固，用射钉或膨胀螺栓将沿地、沿顶龙骨固定于地面和顶面
	射钉按中距0.6~1.0m的间距布置，水平方向不大于0.8m、垂直方向不大于1.0m，射钉入墙、地的最佳深度，混凝土为22~32mm、砖墙为30~50mm
	之后将裁切好的竖向龙骨推向横向沿顶、沿地龙骨之内，翼缘朝向石膏板方向，上下方向不能颠倒，切割只能从上端切断
	竖向龙骨接长可用U形龙骨套在C形龙骨的接缝处，用拉铆钉或自攻螺丝固定，轻钢龙骨间距不得于40cm

项目名称	内容
固定面板	石膏板用十字自攻螺钉固定于轻钢龙骨上，螺钉入板内但不能破坏面纸，螺钉间距四边为200mm，中间为300mm
缝隙处理	石膏板缝隙要均匀，间隙为5~7mm，隐蔽工程验收合格后方可封面板，用腻子抹平缝隙（具体参照P77木龙骨隔墙缝隙处理）

木工工程验收难题解疑

1.吊顶的规范施工步骤是什么，作业的条件有什么？解答见P79

2.本来不打算做吊顶，施工人员建议做，要不要接受建议？解答见P81

吊顶施工条件

①顶部所有管线安装完毕；

②墙、顶面皆清理干净，没有杂物；

③材料经过检验合格，若使用木龙骨，应已做完防火处理。

吊顶施工步骤

吊顶的施工步骤可总结为：弹线→安装吊杆→安装主龙骨→安装副龙骨→安装罩面石膏板。其中最后一个步骤应等待框架结构检验合格后再进行。

监工秘笈支招

021 弹线包括的内容

★弹线就是定位，包含了标高线、顶棚造型位置线、吊挂点布局线和大中型灯位线。

弹线这一工序十分重要，它是施工的基准，后期龙骨固定基本会按照定位的线开始施工，因此建议业主参与进来，核对无误再开工。

吊顶施工的规范操作	
项目名称	内容
弹线	标高线：根据吊顶的设计高度用尺量至顶棚，在该点画出高度线，同侧墙面找出另一点，将两点连线，即得吊顶高度水平线，其他墙同样操作，之后沿墙四周弹线，这条线便是吊顶四周的水平线。一个房间的基准高度点只用一个，各个墙的高度线测点共用，偏差不能大于5mm
	造型位置线：规则空间可先在一个墙面量出竖向距离，以此为基准画出其他墙面的水平线，就是吊顶位置的外框线，而后逐步找出各局部的造型框架线；不规则空间宜根据施工图纸测出造型边缘距墙面的距离，从顶棚向下根据设计要求进行测量，找出吊顶造型边框的有关基本点，将各点连线，形成吊顶造型线
	吊点位置：平顶天花其吊点一般是每平方米设置1个，在顶棚上均匀排布；叠级造型的吊顶应在分层交界处布置吊点，吊点间距0.8～1.2m，较大的灯具应安排单独吊点来吊挂，灯具位置不能与主次龙骨位置重叠
安装吊杆	将吊杆固定件用膨胀螺栓或射钉固定在现浇楼板的顶面上，而后将吊杆的上部与吊杆固定件用焊接的方式连接，施焊前拉通线，所有丝杆下部找平后，上部再搭接焊牢
安装主龙骨	主龙骨与墙相接处，应伸入墙面不少于110mm，若使用木龙骨，入墙部分应涂刷防腐剂。主龙骨的布置要按设计要求，分档划线，尺寸按照面板规格定，主龙骨间距不能大于400mm。
安装副龙骨	按分档线和主龙骨位置安装通长的两根边龙骨，拉线确定其符合水平标高，用竖向吊挂小龙骨固定边龙骨和主龙骨的连接，竖向吊挂小龙骨要逐根错开，通长边龙骨的对接接头应错开，并用夹板错位钉牢
	安装卡档副龙骨，按照石膏板的分块尺寸和接缝要求找平钉固定卡档副龙骨，卡档副龙骨间距不大于400mm，卡档小龙骨应用50汽钉钉牢
安装罩面板	骨架完工后检验吊顶骨架是否牢固、稳定，标高位置是否准确、误差是否符合标准，均合格后，表面封面板
	石膏板应用自攻螺钉固定，沉入面板0.5～1mm但不能使面板破损，间距150～200mm，自攻螺钉涂防锈漆。不允许用汽钉固定石膏板，木龙骨上不允许吊挂灯具、设备等重物
	若转角处有造型，应将面板裁切成L形，不能在转角处出现拼缝情况，用腻子掺防锈漆补齐钉眼

家装全能王

▼ 钉眼一定要用腻子掺防锈漆进行修补，防止后期生锈返到面层，影响装饰效果。

建议少做吊顶 ✿

吊顶除了可以让家居空间变得美观，还可以隐藏管线、梁等部位。

专业的设计师考虑得比较全面，会结合整体环境，对吊顶的高度、位置、面积掌控得较好。

如果自主设计或者找施工队来施工，要结合自家的户型决定造型，建议少做、精做。

设计上应坚持己见 ✿

在吊顶的问题上不能够被施工人员左右，如果找设计师设计完成，不宜随意增加项目，若自家房高很低决定不做吊顶，也不要在木工的蛊惑下去做吊顶。

层高低的房间做完吊顶会使人感觉压抑、沉闷，影响身心健康，且随意地增加吊顶面积、造型，还会增加工费、材料费，加大开支。

石膏板吊顶监工不好易开裂

怎么能避免石膏板顶面开裂？

在家庭装修中，石膏板是最常使用的吊顶面层的材料，它成本低、造型方便、施工简单、防火，很受欢迎。但石膏板在施工时有着严格的要求，如果技术不合格很容易造成开裂，开裂的原因有两种：一是固定吊线的膨胀螺栓定位不对，导致吊顶固定点在活动间隙上，受力后就会开始变形；另一种是使用木龙骨为骨架时，龙骨含水率超出标准，龙骨变形导致石膏板变形。

避免石膏板开裂的施工规范	
条目序号	内容
①	在做石膏板吊顶时，两块石膏板拼接应留缝隙3～6mm左右，石膏板与墙面之间要预留1～2cm的缝隙，并做成倒置的V形，为预留的伸缩缝
②	如果使用木龙骨，含水率一定要达标
③	无论何种骨架，都要求安装牢固，不能有松动的地方，不能随意地加大龙骨架的间距
④	石膏板的纵向各项性能要比横向优越，吊顶时不应将石膏板的纵向与覆面龙骨平行，而应与龙骨垂直，这是防止变形和接缝开裂的重要措施
⑤	石膏板安装很讲究，不应强行就位，应先用木支撑临时支撑，并使板与骨架压紧，待螺钉固定完才可撤销支撑，安装固定板时，从板中间向四边固定，不得多点同时作业，一块板安装完毕再进行下一块
⑥	板与轻钢龙骨的连接采用高强自攻螺钉固定，不能先钻孔后固定，要采用自攻枪垂直地一次打入紧固
⑦	有纸包裹的纵向边无需处理的，横向切割的板边应在嵌缝前做割边处理
⑧	施工人员应按照规范施工，固定吊件的膨胀螺栓位置要选准确，不要在两块板的缝隙处，板接口处需装横撑龙骨，不允许接口处板"悬空"

▼ 接缝处理成V形，可以让填缝剂与石膏接触得更加良好，为板材的伸缩预留足够的空间，预防变形。

 监工秘笈支招

022 铝扣板吊顶安装要点

★厨房、卫生间、阳台这些家居空间中，通常会选择铝扣板吊顶，它变形、破损的概率小，易安装、易维修，需要注意的是在出厂时面层会贴一层保护膜，施工时一定要先去掉保护膜再安装，很多施工人员为了追求速度都是先安装后去膜，这样容易使板材变形。保护膜用多少撕多少，剩余板材可以退货。

★铝扣板的安装有一定的顺序，应先安装浴霸、热水器、排风扇和油烟机，这样可以避免先装扣板而电器安装不合适还要拆板的情况发生。

★当灯具较重或较大时，应该用龙骨加固灯具，避免长时间压迫引起吊顶变形。

★卫生间内如果使用单独的排风扇，不建议安装在吊顶上，排风时会引起顶部空腔的共振，使声音变大而形成噪声。

★铝扣板可以在墙面施工完毕后再安装，能够避免扣板沾染灰尘，减少清洁项目。

木工工程验收难题解疑

1.我家门框水平方向两侧差距很大，应该怎么处理？解答见P84

2.门窗套具体的施工步骤是怎样的，需要注意什么？解答见P84

做套先给框找平 ✿

如果建筑边框不平，需要先给门框找平，找平需要用木板材和木楔子。具体操作如下：

①先将木板简单地固定在墙上，用水平仪测量门框上沿，将木楔子粘上胶，塞入缝隙大的一端，左右两侧同样操作；

②用水平仪测量精度，做调整，加固木板；

③完全平整后用射钉将木板和木楔子固定牢固，不能有松动。

门、窗套施工步骤 ✿

虽然市面上出售的集成门品种很多，但仍然有业主喜欢让木工做门扇、做门窗套，觉得个性、结实。

木制品很容易变形、开裂，特别是在四季温差较大的北方，严密的监工和施工人员的手艺是质量的保证。

木质门、窗套的具体施工步骤为：放线打眼→埋入防腐木楔→铺设垫层板→贴面层板→钉装饰线→细部处理。

门、窗套施工的规范操作	
项目名称	内容
放线打眼	根据图纸确定门套位置，弹出垂直线，通常为以门口的墙角面向外量40mm。在垂直线上用冲击钻打眼，孔眼与孔眼之间的距离约为30cm
埋防腐木楔	在打的洞眼中埋入防腐木楔，木楔应钉牢固，其表面须保证在同一水平面上
铺设垫板层	将垫板涂刷三遍防火涂料，靠墙面涂刷三遍防腐涂料，然后将其与木楔连接牢固，一般采用胶合板、密度板或细木工板做基层，板与板间应留5mm缝隙

项目名称	内容
铺设垫板层	基层完工后应平整、垂直，允许偏差不超过2mm，框体与墙之间的缝隙应填充材料，起到保温、密封的作用，所有检查合格后再上面板
贴面层板	板材的纹理是有变化的，色彩也不完全相同，建议先对板材进行筛选，所有的位于一个空间内的门宜挑选木纹和颜色相近的面板，裁板时要略大于基层的实际尺寸，大面净光，小面刮直，木纹根部向下
	长度方向需要对接时，木纹应顺直，一般窗套面板拼缝应距室内地面2m以上，门套面板拼缝一般距地面1.2m以上
	当采用厚度大于10m的板材时，板背面应沿门窗套方向剔出卸力槽，以免板面弯曲，卸力槽一般间距100mm、槽宽10mm、深度5～8mm
	用胶黏剂粘贴饰面板，基层板与饰面板背面均需抹胶，涂胶要均匀，不能出现漏刷情况，然后将饰面板贴在基层板上
	若用钉子固定饰面板，钉子的长度为饰面板厚度的3倍，钉帽砸扁冲入饰面板板面0.5～1mm，间距一般为100mm
装饰线	根据设计要求将装饰线用射钉钉在套上
细部处理	用腻子调色将钉眼补齐，严查有无接触不严密的地方，特别是门套与墙之间

监工验收全能王

监工秘笈支招

023 门窗套验收要点

★门套与墙体之间的固定螺栓，每米不应少于3个，门套宽度若超过200mm应加装铁片。

★在处理门窗套的角时，不论是护面板还是装饰木线的对角，必须先用角尺划出45°的斜直线，并按线将斜度锯直或用裁纸刀割直，而后进行试装，确认角线平直严密后，再正式固定，确保45°角整齐严密。

★做好的门窗套应平直，用手敲击没有空鼓现象，立板整体平顺、垂直，垂直度允许偏差为2mm，水平度允许偏差为1mm。部件与部件结合牢固、紧密没有缝隙。

木工工程验收难题解疑

1.混油门和清漆门的结构有什么区别吗？ 解答见P86

2.感觉做门很复杂，制作过程中有什么监工重点？ 解答见P86

先复尺再备料 ✿

现场制作木门需要先进行现场复尺，与施工人员根据安装好的门套确定门的大小、设计款式，而后备料。材料进场后检验材料是否符合设计要求，是否合格，全部没有问题后开始制作。

面板质量要求 ✿

面层饰面板厚度不应小于3mm，颜色、花纹尽量相似，木纹流畅，薄厚一致。木饰线，实木收口规格、颜色、花纹尽量相似，不得有腐朽、疤节、劈裂、扭曲等缺陷，款式与设计相符。

基材质量要求 ✿

木龙骨含水率不大于12%，5mm以下薄夹板、9mm以上厚夹板不能存在变形、裂缝、变色、脱胶(层)、潮湿、表面凹凸等缺陷。应表面平整，薄厚一致。

木门结构 ✿

木门面层可分为混油门和清漆门两种，混油门组成为木龙骨或厚夹板龙骨基层外贴五合板面层；清漆门组成为木龙骨或厚夹板龙骨三合板基层外贴饰面板。

木门施工的规范操作	
项目名称	内容
基层制作	为保证木龙骨或厚夹板骨架制作质量，应用压刨将挑选好的木龙骨（30×25）或厚夹板条进行刨制，应顺纹刨削不要戗槎，尺寸应满足制作要求，不要刨过量

项目名称	内容
下料	根据复尺确定好的门扇制作尺寸减去四周收口木方厚度10mm，为骨架下料净尺寸，下竖向三根长料时，两边为门高的净尺寸，中间一根为门高的净尺寸减去50mm，下横向短料时宽的尺寸减去两边龙骨厚度50mm
开咬扣槽和变形缝	咬扣槽：下好料后将龙骨按尺寸整齐排放在平整的地面上，根据骨架尺寸，划出咬扣开槽位置中心线即骨架交叉中心线，以中心线为准两边均分量25mm划出开槽位置，线深15mm，用小电圆锯将咬扣凹槽开出，并用扁铲修整。开出的咬扣凹槽应尺寸正确、深浅一致、平直方正、表面平整，骨架四边龙骨不用开槽
	变形缝：为预防骨架变形，而将龙骨双面错位锯15mm深的缝，间距150mm左右。所有横向龙骨应在竖向龙骨之间打直径8~10mm的孔2~3个，错开咬扣及变形缝，门上、下边打8~10mm的孔3~4个，利于潮气疏散流通，减少门变形
拼装	上面完成后即可进行拼装，将凹槽龙骨互相咬合，并用1寸圆钉或F30枪钉固定，再将四周龙骨用2寸圆钉或T50枪钉固定，固定处刷胶，夹板龙骨四周应辅加一层龙骨
	拼装完成做一下检查：规格尺寸是否正确、形状是否方正、表面是否平整，如有偏差及时修整，最后将龙骨中线全部引划在龙骨外面，以便封面板使用，并在安锁位置加钉300mm长90mm宽锁木，以便安锁时开锁孔

注：木龙骨或厚夹板龙骨三合板基层木门的基层龙骨刨料、下料、开凹槽和变形缝，拼装工艺与木龙骨或夹板龙骨基层的相关内容相同。

监工秘笈支招

024 木门制作技术要点

★制作骨架时，应横平竖直，四个角皆成90°；

★门扇制作完成后在干燥过程中须受力均衡且完全干燥透彻，这一步非常重要，可以降低变形几率；

★安装前须将门扇水平置放在干燥通风的地带，以免因放置的不平引起变形曲翘；

★粘贴饰面板时只能使用纹钉式射钉固定，不能使用直钉，直钉钉头过大做油漆时腻子痕迹过于明显会影响美观；

★清边粘贴封口实木线条时，要打满胶并注意修边时不能伤及饰面板；

★门扇安装后应平整、垂直，门扇与门套平行，门套与门扇上方间距为2mm，两侧为2.5~3mm，下缝隙为5~8mm，下缝隙要大于上缝隙，缝隙允许偏差为+0.5mm。

木工工程验收难题解疑

1.带玻璃的推拉门制作和实木门制作过程有区别吗？ 解答见P88

2.我想自己做门，但听说容易变形，能预防吗？ 解答见P89

推拉门制作方式 ✿

除了最常用的实木门外，家庭用门中还有另外一种使用几率很高的类型，就是带玻璃的推拉门，它的制作方式与实木门是不同的。

制作推拉门主要以大芯板为饰面板，镂空处夹玻璃。

玻璃推拉门制作规范	
条目序号	内容
①	将15mm厚的大芯板裁成2.1cm宽的木条，按照设计的款式制作成龙骨，将5mm夹板用白乳胶加直钉的方式双面固定在龙骨上，之后将饰面板以白乳胶加纹钉方式双面封闭，注意贴饰面板时须在饰面板打钉处以小木条垫底保护
②	选择一面按设计方案将实木线条打契口用白乳胶加纹钉方式与框架固定，另一面制作完毕后暂时不固定，套在框架上
③	将门扇胚置于水平干燥地面或压台上，上置均匀重物，让其在通风受压状态下干燥固定7天以上
④	待门扇胚充分干燥成型后，将饰面板保护木条启开，修理清边，将玻璃置于双层实木线条中，并以白乳胶加纹钉方式在门扇侧面粘贴实木封边、固定夹玻璃线条
⑤	成型后的门标准厚度为4.5cm，龙骨厚2.1cm，双面9mm板合计1.8cm，双面饰面板合计0.6cm

木门施工不当容易变形

不想买成型门，又怕木工做的木门容易变形，可以预防吗？

虽然买门省事，还节省了施工步骤，但买的门还是不如特别设计的造型整体感强，而且购买的门内部结构业主并不能见到，有的人就会觉得不放心，还是想要让木工来现场做门。但自己做的木门一定要严把质量关，不然很容易出现变形、开裂等问题。

木门质量要求	
条目序号	内容
①	选用的板材含水率一定更要符合要求，一般应小于11.8%，含水率越底成品越不容易变形
②	施工时一定要按照规范进行，制作完毕后，应立即涂刷一遍底漆，防止材料受潮变形，尤其是在潮湿的地区
③	门与门套是组合使用的，也会互相影响，门套安装必须牢固、横平竖直，两者之间缝隙应符合规范要求
④	安装合页应双面开槽，安装牢固
⑤	所有涂刷涂料、胶的地方必须涂刷均匀

 # 监工秘笈支招

025 推拉门安全最重要

推拉门美观实用，在家装中出现得越来越频繁，而有的施工人员为了美观，拉大了推拉门的尺寸但没有安装防撞条，导致推拉门不结实很容易被撞碎。

尺寸偏大的推拉门一定要多使用防撞条即横档，可以在使用过程中更好地保护玻璃，避免玻璃破碎而危害人身安全。

安装时一定要将下轨道嵌入到地面中，或者选择上轨的推拉形式。

木工工程验收难题解疑

1.卫生间门口对大门，做成隐形门有什么需要注意的？ 解答见P90

2.买门和现场制作门，怎么选择好一些？ 解答见P91

隐形门更美观 ✿

很多户型中，卫生间的门都会对着大门，这样在建筑风水上来说是很不好的，因此就有了隐形门的出现。隐形门就是将门设计成周围墙体造型的一部分，或者与墙面一样的白色，使其隐藏，更美观。

▼隐形门更美观，若遇到卫生间门正对大门或电视墙上有门的情况，可以做成隐形门。

变形后开关成问题 ✿

如果在卫生间使用隐形门，因为卫生间比较潮湿，如果门的质量不达标，很可能会变形，因为隐形门大多表面没有把手，导致开门需要用手抠。时间长了浅色门会有一块特别脏，优点变成了缺点。

规范制作避免变形 ✿

隐形门通常都没有门套、门锁、把手等，一般直接用合页固定在墙面上，表面材质多根据周围的墙体变化，或刷漆或贴墙纸等。

隐形门自重要重于柜门，所以合页质量一定要达标，建议采用自动闭合合页或缓冲合页，一定不能用柜门的铰链。

除此之外，制作门扇时材料的含水率一定要达标，并涂刷防腐材料，降低受潮变形的概率。

买门和做门的优劣

买门好还是做门好？

现在市场上门的种类非常多，价格差别也很大，很多人想要购买成品门，但又觉得可能现场制作的更能够符合整体设计，于是犹豫不决，两者各有优劣，可以结合自家的实际情况而进行具体选择。

买门、做门的区别	
名称	区别
制作	优点：制作过程能够在现场监工，颜色和样式能够与家中其余设计更协调，效果比较自然、个性
	缺点：需要用很多材料，环保不能完全保证；施工人员如果手艺不精，很容易变形；安装时间长，从制作到完成需要用大约半个月时间；基本没有售后服务
购买	优点：整体品质及细节部分、油漆效果、环保方面优于制作门；监工方面更省心；安装工期短；套装门特别是品牌门，为了销售业绩和稳定客户群，售后通常做得很完善
	缺点：比较产业化，与制作门比个性和色彩方面要略逊；施工过程无法监理

 监工秘笈支招

026 购买门的注意事项

★选烘干料而不要自然风干的。烘干料即经过干燥处理的木料，不易变形；

★选热压工艺的。木门通过热压工艺成型、实木封边机机械封边、砂光机平整砂光、平整、牢固、美观，质量更好更耐用。

★价格不能过低。价格过低的门材料不能保证安全、环保，且质量也不能保证，买门时不要仅仅比价格，还要比质量比环保性。

★尽量选择合页外露的，断裂能够早发现。

木工工程验收难题解疑

1.制作、定制或者购买成品家具哪种方式更好一些？解答见P92

2.为什么明明画好了设计图，做出来的家具却不伦不类？解答见P93

制作还是购买

家装业主通常会遇到这样的问题，家具到底是制作好还是买现成的好。其实两者各有利弊，可以结合经济状况具体选择。

制作、购买家具的区别	
名称	区别
制作	优点：可以根据户型量体裁衣，成品造型独特更能满足自己的喜好和需求，与家里其他装修效果能更协调。能够充分利用空间，同时可把那些影响美观的各种管道等突出物隐藏进去，掩饰房屋结构的不足
制作	缺点：新古典家具等过于复杂造型的家具可能没有办法满足；价格略高一些；拉长工期；会使用胶类材料，需要充足的时间晾晒，做好后返工较难
定制	优点：除了有制作家具的优点外，定制的家具通常采用三聚氰胺板以现场拼接的方式完成组装，工期短，且比较少用胶类，安全、环保，有问题可随时调换
定制	缺点：特别复杂的款式无法完成，五金要另外计价

续表

名称	区别
购买	优点：家具的颜色、款式等可选择性更多一些，遇到打折活动时价格会非常优惠。一些做工要求高的新古典家具等也能满足
购买	缺点：没有办法充分地利用空间，尺寸方面可能不会完全适合，挑选时耗费的精力较多

制作家具的隐患

如果房屋装修后有充足的时间晾晒，且时间、资金充足，可以选择制作家具。

在现场让施工人员制作家具对施工人员的手艺要求较高，且还要有丰富的经验，否则很容易出现粗制滥造的现象，可能是有意为之，也可能是经验不足而导致的。

还可能出现工人实际无法操作但以经验丰富为借口而私自更改设计图的情况，例如将复杂一些的线条、造型改成简单不耗工时的，业主的开销不变，但完成品却可能变得不伦不类。

严密监工避免粗制滥造

我还是想选择制作家具，如何才能避免存在的隐患呢？

选择现场制作家具比另外两种方式来说，最大的好处是施工过程看得见，可以多做准备工作并以严密的监工来避免可能存在的隐患。

条目序号	内容
①	在开工之前多阅览款式，特别关注尺寸等，将喜欢的因素结合起来，仔细研究后绘制出设计图，不要仅仅只是口头描述
②	施工时一定要按图操作，避免施工人员擅自化繁为简，特别是稍复杂的款式，一定要现场监工
③	制作过程中监工重点放在结构及特殊细节部分，现在的衣柜或者衣帽间功能区划分得非常细致，特别是一些精巧的抽屉，监工一定要注重稳固性和尺寸、位置
④	重要的一点是，只有自己了解自己的需求，当确定了心中的理想方案后，在施工过程中坚持己见，不要轻易被施工人员左右

 # 监工秘笈支招

027 材料不要忘记检验

由木工制作家具，在设计图定下后，在允许木工进场后，就要开始进料、下料。

但要注意的是，所购买的材料一定要达到环保等级，即使是环保的材料（并不是不含甲醛，只是甲醛含量低于标准而已），如果使用的材料品种多，叠加起来很可能就超标，所以无论是自己购买还是对方购买，把好材料的质量关很重要，预算允许的情况下板材最好选择E0级。

如果对材料心里没底，或者急需入住，晾晒时间不充足，建议还是去专门的门店定制家具。

木工工程验收难题解疑

1.木工制作的家具完成后有哪些检验重点？解答见P94、95

2.我家衣柜面积比较大，可以直接固定在墙面上么？解答见P95

检验工艺

检查家具的每个构件之间的连接点的合理性和牢固度，每个水平、垂直的连接点必须密合，不能有缝隙、不能松动。

柜门开关应灵活，回位正确。玻璃门周边应抛光整洁，无崩碴、划痕，四角对称，扣手位置端正。

各种塞角、压栏条、滑道的安装应位置正确、平实牢固、开启灵活、回位正确。

门板高低应一致

柜子的门板安装应相互对应，高低一致，所有中缝宽度应一致，开关顺畅、没有滞留感、没有声音。

色差应小

饰面完成后主要检查饰面板的色差是否

大，花纹是否一致；表面应平整，没有腐蚀点、死节、破残等。

部件封边处理是否严密平直、有无脱胶，表面是否光滑平整、有无磕碰。

结构要端正、牢固

观察家具的框架是否端正、牢固。用手轻轻推一下，如果出现晃动或发出吱吱嘎嘎的响声，说明结构不牢固。要检查一下家具的垂直度和水平度，以及接地面是否平整。

线条要顺直

所有的木制家具做好后，上漆之前应线条顺直，楞角方直，钉帽不能裸露。

安装位置正确，割角整齐，靠墙放置的与墙面应能够紧贴。

家装全能王

分隔要合理 ✿

　　所有家具中的分隔板，尺寸应符合设计图要求，不能擅自改动。特别是衣柜和鞋柜，应重点检查。

　　如果家具内部空间划分不合理，很可能出现大衣挂不下或者鞋柜没有靴子位置的情况，虽然事小，但使用中却十分不便利。

细节之抽屉、缝隙 ✿

　　抽屉：拉开抽屉20mm左右，能自动关上，说明承重能力强。

　　缝隙：所有线条与饰面板碰口缝不超过0.2mm，线与线夹口角缝不超出0.3mm，饰面板与板碰口不超过0.2mm。

细节之转角、拼花 ✿

　　家具中所有弧形转角的地方弧度要求顺畅、圆滑，如果弧线造型有多排，除有特殊要求外，弧度应全部一致。

　　拼花的花色、纹理方向应与设计图相符，对花严密、正确，有缝隙设计的要求宽度符合要求，否则应没有缝隙。

▼此阶段的木工活验收包括了除油漆项目的所有细节部分，应谨慎对待。

监工秘笈支招

028 衣柜与墙体固定要注意防潮

　　很多业主会选择将制作的大衣柜与墙面固定，使其更稳定，效果更整齐。然后这一步并不能随意地操作，如果不按照规范操作会导致衣柜迅速地变形。

　　将木板与墙体连接时，应在木板两侧分别安装一条木线固定，防止界面的膨胀系数不同而开裂、变形。千万不要因施工人员贪图省事，而将木板直接固定在墙上。

　　柜体与墙体的接触面要做防潮、防火处理，特别是有梅雨季节的南方，这样处理可以降低柜体受到潮湿墙面的影响。

木工工程验收难题解疑

1.我就喜欢大的水槽，但是厨房不大，可以购买这种吗？解答见P96

2.为了节省资金，想找木工做橱柜，都有哪些注意事项？解答见P97

合理划分功能区域 ✿

中餐备餐时不能缺少切菜的空间，现在很多户型厨房的空间都比较小，很多业主着重了洗菜的空间而忽视了切菜的空间，导致后期使用不便。正常需要切菜的操作台宽度建议不低于80cm，所以选择水槽和燃气灶时要注意尺寸。

合理划分功能空间具体内容	
条目序号	内容
①	操作区域应位于水槽和燃气灶中间，三者最好位于同一操作线上，如果空间小，水槽不宜一味地追求个大，只要够用就可以
②	如果允许，冰箱应临近操作台，取出的实物可以直接放在操作台上
③	如果可以，操作区域可以放在窗前，能够使做饭的人保持开阔的视野，更人性化
④	做吊柜之前，应事先定出油烟机的位置和款式，最好提前购买，测量尺寸时将其悬挂起来，使测量更准确
⑤	如果厨房矮小，可以适当地拉大吊柜和地柜之间的距离，否则会让人感觉更压抑
⑥	如果厨房不是特别高，建议吊柜紧贴吊顶，这样可以避免柜子上面堆积灰尘，如果上方留空，清理不方便，很容易藏污纳垢
⑦	找木工做橱柜，如果担心之后的五金不好装，可以事先购买五金件，如拉篮等，而后根据拉篮的大小做地柜的分隔

家装全能王

▼无论是购买还是现做，对油烟机、水槽和煤气炉的位置、款式都应做到心里有数。

橱柜设计很重要

由木工制作橱柜需要注意些什么？

购买整体橱柜款式时尚，且省时省力，但很多业主可能会觉得市场上出售的橱柜价格略贵，想要由木工现场制作橱柜以节省开支，与购买橱柜不同的是，市场上的橱柜都经过专业设计师的设计，使用上更能够符合人体工程学，满足人们的使用需求，售后也比较完善。

▼图为木工制作的橱柜，基本框架为木质。

自己制作的橱柜需要施工人员的技术熟练、操作规范，同时高度、分层等都要自己来定，所以要特别经心，避免使用不便。建议在制作之前多看一些自己喜欢的款式，对常用尺寸做到心中有数，再结合自己的实际需求对橱柜进行设计。

自主设计橱柜的注意事项	
条目序号	内容
①	因为地柜中管道较多，所以在设计时要合理地分配地柜内各部分空间，过小或过大都不利于使用
②	吊柜门设计成向上开启的款式使用更方便，也可以避免磕头；地柜可以多设计抽屉，取用物品更方便，平开门内建议使用金属篮，即使深处的物品也能轻易取放
③	地柜可以安装柜脚也可以直接使用踢脚板，安装柜脚容易积攒灰尘，柜底不易清洁，踢脚板能够避免这种现象，看起来也更整体、更美观
④	门板四周所用的封边线建议要单独购买，且记得在同等品质的情况下，货比三家
⑤	木工制作的橱柜多数使用板材为框架，因为厨房比较潮湿，所以建议板材涂刷防腐涂料后再使用，特别是经常接触水的区域

DIY厨房常用设计尺寸			
名称	尺寸（mm）	名称	尺寸（mm）
地柜高度	780~800	柜体拉篮	150、200、400、600
地柜宽度	600~650	灶台拉篮	700、800、900
吊柜宽度	300~450	踢脚板高度	80
吊柜高度	600~700	消毒柜80、90升	585×600×500
吊柜底面与操作台的距离	600	消毒柜100、110升	585×650×500

人造石台面易开裂可预防

据说人造石台面容易开裂，可以预防么？

现在橱柜台面使用最多的是人造石，人造石色彩多样、装饰效果好且具有良好的防渗透性，没有辐射，环保，易加工，将两块台面打磨后接在一起没有缝隙，但是自重大，如果施工不严格，很容易开裂、变形。可以采用以下方法来预防：

条目序号	内容
①	安装台面之前，在地柜的顶面部分用做了防腐处理的大芯板或者实木条做衬底，尤其是操作区，建议多铺一些，避免因为切菜的力道大而导致台面开裂、变形
②	安装时，要在台面探出边缘的部分开一道槽，可以避免台面的液体流入地柜
③	注意辨别台面的质量，掺杂了其他杂质的人造石刚度会下降，更容易变形、开裂，甚至面层不能防止污渍渗透

安装地柜先测水平 ✿

不论是购买橱柜还是现场制作橱柜，在安装和制作地柜前，应先将地面清理干净，而后用水平尺测量地面、墙面的的水平度。

若橱柜与地面不能完全平行，柜门的缝隙就无法平衡，很容易出现缝隙或者开合不完全的情况。

找出基准点 ✿

L形或者U形地柜，安装或制作前需要先找出基准点，L形地柜应从拐角的地方向两边延伸，U形地柜则是先将中间的一字形柜体确定好，而后从两个直角处向两边延伸，如此操作可以避免出现缝隙。

之后对地柜进行找平，通过地柜的调节腿调节地柜水平度；如果是制作，则找平边框。

地柜连接很重要

整体橱柜安装时需要对地柜与地柜之间进行连接，这一步很重要，一般柜体之间需要4个连接件进行连接，以保证柜体之间的紧密度。

一定要注意不能使用质量较差的自攻螺钉进行连接，自攻钉不但影响橱柜美观，且连接不牢固，影响整体坚固度。

吊柜先画线

无论是购买还是自制，吊柜都需要安装，安装吊柜需要在墙上固定膨胀螺栓，首先在墙面画出水平线，以保证膨胀螺栓的水平度。

通常地柜与吊柜的间距为650mm左右，可根据使用者的身高做调整，而后确定膨胀螺栓的位置。

吊柜也需调整水平

安装吊柜同样需要用连接件将柜体连接起来，保证紧密、坚固。

吊柜安装完毕后，同样需要调整吊柜的水平，吊柜的水平度不仅影响整体美观，也可以避免因不平而导致变形。

最后安装台面

通常来说，台面安装会与柜体的安装相应隔一段时间，等待面层油漆完成后再安装，这样有利于避免地柜安装后出现的尺寸误差，保证台面测量尺寸的准确，使台面更合适，减小变形率。

橱柜检验标准

橱柜可以说是家里使用频率最高的柜子，其质量检验应细致、严谨，可从以下方面进行：

条目序号	检验内容
①	柜板表面平整洁净色泽一致无明显脱胶、裂缝、爆口现象
②	相邻门板之间缝隙应小于3mm，开启、关闭时无相互碰撞现象，视觉上平直
③	上、下柜体安装结实，抽屉、柜门开启灵活摇晃无松动
④	所有五金运动自如，没有异常声音
⑤	面板应平整、无破损、无龟裂、四边无锯齿状，整体无色差
⑥	平整度最大公差每米≤2mm，台面宽度名义尺寸公差≤±4mm，长度名义尺寸公差≤±6mm

木工工程验收难题解疑

1.窗帘盒有几种形式，分别是怎么制作的，适合什么房间？ 解答见P101
2.窗帘盒的尺寸应该怎么定，有具体要求吗？ 解答见P102

窗帘盒的必要性 ✿

窗帘盒虽然项目很小，却不可忽视，是隐蔽窗帘隐头的重要部位。除了特殊的需要完全露出窗帘杆的设计外，卧室、书房等私密空间内都需要做窗帘盒。在进行吊顶和包窗套设计时，就应进行配套的窗帘盒设计，以获得整体的装饰效果。

窗帘盒有两种形式 ✿

家用窗帘盒通常有两种常见形式，一种是房间内做了吊顶设计，窗帘盒隐蔽在吊顶内；另一种外接式，适合房间没有吊顶只走石膏线的情况。

隐蔽式后做很麻烦 ✿

隐蔽式窗帘盒如果在吊顶施工后再安装会特别麻烦，需要拆掉吊顶，然后在吊顶的地方刻出一条凹槽，用来安装窗帘轨道。建议在做吊顶之前就预留出位置，跟吊顶一起做。

外接式施工简单 ✿

在顶面上做出一条贯通墙面长度的遮挡板，就是外接式的窗帘盒，在挡板内安装窗帘轨道即完成制作。

不需要拆下吊顶，什么时间做都可以，比隐蔽式施工方便。在墙面两侧预埋木楔之后用圆钉或膨胀螺栓固定，也可以用射钉固定，可选择性较多。

使用大芯板制作 ✿

窗帘盒主材为大芯板，将其按照设计要求，两侧固定在墙面上，上沿固定在顶面或者天花板交线上，之后固定面板，再进行涂装即可。

材料应与窗套相同 ✿

窗帘盒应采用与窗套相同的外观，能够给人整体感。如果窗套是白色混油，窗帘盒在基层外面加石膏板，涂刷白色墙漆；若窗套为清漆，木饰面板建议与之相同，且尽量采用同一张板材，避免色差。

窗帘盒的尺寸要求 ✿

窗帘盒的高度为100mm左右，长度分为通长和不通长两种，通长的长度同窗一侧的墙相同，不通长的根据设计要求制定。

窗帘盒的宽度应根据窗帘杆的宽度而定，通常来说单杆宽度为120mm，双杆宽度为150mm左右。

非贯通式需要支架 ✿

非贯通式窗帘应使用金属支架，一般使用铁支架，铁支架在结构施工中已预埋，也可直接固定在墙面及顶面上。固定时，在固定点打孔，安放塑料胀栓，用螺钉固定。为保证窗帘盒安装平整，两侧距窗洞口长度相等，安装前应先弹线。

窗帘盒验收重点 ✿

外观应按设计尺寸，房内有吊顶时窗帘盒不应凸起顶部，如单独安装窗帘盒，应安装平直。窗帘杆安装符合设计要求，安装要平直、牢固，面层根据使用的材质标准具体检验。

▼ 左图为隐藏式窗帘盒，做吊顶时应预留位置；右图为外接式窗帘盒，造型与色彩应与周围环境相符。

木工工程验收难题解疑

1.地板在什么时候进场铺装比较好？对气候有要求吗？ 解答见P103

2.强化地板需不需要架设龙骨或者放衬板？ 解答见P104

铺地板的最佳时间 ✿

吊顶和墙面工程、门窗和玻璃工程全部完毕，室内墙根已钻孔、下好装踢脚板的木模（间距和位置准确）后，为铺地板的最佳时间。

到货不要急于铺装 ✿

地板到货以后不要急于铺装，特别是实木地板，建议打开包装在室内存放一个星期以上，使地板与居室温度、湿度相适应后才能使用。

这是因为不同地区的湿度是不同的，会直接影响木材的含水率，若木材含水率过高或过低都容易开裂。

铺装前先选料 ✿

在进行铺装前，需要对板材进行一下

筛选，剔除有明显质量缺陷的不合格品；将颜色花纹一致的地板铺在同一房间内，有轻微质量缺欠但不影响使用的，可摆放在床、柜等家具底部使用；同一房间的板厚必须一致；购买地板时别忘记将10%的损耗一次购齐，避免不够用临时加购产生色差。

木料需防腐处理 ✿

铺装地板的龙骨应使用松木、杉木等不易变形的树种，木龙骨、踢脚板背面均应进行防腐处理。

施工气候条件 ✿

如果家里选择铺装实木地板，应注意避免在阴雨气候条件下施工；施工中，最好能够采用一些加湿、除湿设备使室内温度、湿度保持稳定。

强化地板是否需要架设龙骨

实木地板需要用龙骨衬底，强化地板也需要么？

铺设实木地板需要先用龙骨做衬底，叫做打龙骨，多采用木线条，用射钉或木钉固定成纵横交错、间距相等的网格状支架。

在地面平整度相差很多的情况下必须打龙骨，之后再铺地板，能够有效地防止地板变形。如果是铺装实木地板，必须打龙骨；实木复合地板建议打龙骨；如果铺装强化地板，强化地板由强化耐磨层、着色印刷层、高密度板层、防震缓冲层、防潮树脂层五部分组成，有防潮层，所以在地面平整的情况下不是必须要打龙骨。

打龙骨的优点及缺点		
项目名称	内容	
优点	找平地面。打龙骨最关键的是为了平整地面，如果水泥地面不平整，打龙骨能够调整地面水平度，降低地板变形概率	
	防潮。能够防潮，可以延长地板的使用寿命	
	降噪。将地板铺在龙骨层上，能够增加脚的舒适度，并且能够避免踩踏时发出噪音	
	便于安装。龙骨上层需要垫一层大芯板或五厘板，铺设地板可以直接用地板钉钉在垫板上	
缺点	产生声响。如果选择的龙骨不够干燥，完工后时间一长，龙骨容易收缩，使地板容易发出异响	
	易腐烂。如果施工人员为了省事，没有对龙骨进行防潮处理，天气潮湿容易腐烂	
	降低房高。龙骨层加上衬板会使地面的高度增加，降低房间的整体高度，减少使用空间	
	安全系数低。打龙骨的工序很繁杂，需要破坏地面，降低安全系数	
	不能回收利用。打龙骨安装的地板，因为与衬板固定，所以无法重复使用	

家装全能王

▼ 打龙骨时上下层龙骨需要交叉以保证稳固性，下层龙骨既可采用通长的方式，也可做成小木块。

注意龙骨中的虫子 ✿

如果家里选择铺实木地板，一定要严格的筛选龙骨，木龙骨因为没有经过高温干燥的程序，里面很容易带有虫子。

虫子是实木地板最大的敌人，长时间受到虫子的侵蚀，会大大地降低其使用寿命，并且为家里带来卫生隐患，不利于人体健康。

防虫的有效方法 ✿

想要防住虫子，首先要严选材料，不仅是木龙骨，地板也应选择大厂家的大品牌，小作坊操作不严格，地板中很可能会带有虫卵。

还可以在打完龙骨上衬板之前，在地龙骨空隙中放一些樟脑丸，用其独特的气味来防虫、防霉、杀菌。

 监工秘笈支招

029 铺实木地板应注意气候

★如果家里选择铺装实木地板，避免木材因为过于潮湿而导致以后干燥后变形严重，应注意避免在阴雨气候条件下施工；施工中，最好能够保持室内温度、湿度的稳定。

★同一房间的地板应一次铺装完，辅料最好提前备足，监督施工人员安装时挤出的胶液要及时擦掉。

★铺装完毕后要及时做好成品保护，严防油渍、果汁等污染表面。

铺地板需要特别注意的事项

地板铺设有什么需要注意的事项吗？

地板的装饰效果自然、舒适，花色繁多、隔热隔声，被很多人喜爱并选择它作为地材。家装常用的地板有实木地板、实木复合地板、强化复合地板和竹地板四种，铺装地板对施工人员的技术水平要求较高，必须聘用熟练工才能够避免后期容易产生的质量问题。为了更好地监理，下面有几点注意事项可以作为参考：

条目序号	注意事项
①	安装地板前，应保证地面干燥。可以将几个塑料袋分别用胶带粘在地面上，12小时后若没有水汽说明干燥
②	做好防潮措施，可以采取涂刷防潮涂料或铺一层防潮膜，使用铺垫宝等方法
③	地板与四周墙面应预留出5~12mm的伸缩空间；长度或宽度超过8m的地面，应在超长的那边地板与地板之间留出8~10mm的附加伸缩缝
④	地面与石材或砖的交接处应采取彻底的防潮措施；地板与卫生间等潮湿空间的交接处应做防水隔离处理，以避免地板被水泡
⑤	当地板与地砖同铺时，应没有高度差。如果计划地面使用两种材料拼接，应先清楚各材料的铺装高度，而后再进行地面找平。两者的缝隙，可用金属扣条过渡
⑥	如果厂家赠送了踢脚板，需要提前确认花色，是否与家里的整体装修配套，如果不配套不如不要
⑦	避免安装地板时损坏地面或墙面的管线，需要将管线位置告诉施工人员或做出标记
⑧	无论何种类型的地板，安装时最好提前看一下天气预报，选择一周内都是晴天的气候，避免地板因为温差造成过度收缩
⑨	地板铺好后，保养非常重要。完工48小时后方可使用，如果还有其他任务，例如放置家具等，需要对地面做好保护，以防出现污渍或者划伤。若有水擦不掉的污渍，可用温水和中性清洁剂擦拭，不能用刺激性溶液

油漆工程验收

把好最后的质量关

 "三分木工七分油工"

家装的油漆工程都包含哪些项目呢？

俗话说"三分木工，七分油工"，可见油漆工的重要性，油漆工程属于面子工程，不同水平的施工人员做出的油工活是千差万别的，如果木工活有缺陷，还能够靠油工来"化妆"弥补不足，而油工如果做得不好则没有后期的工序来弥补，足见其重要性。油漆工主要包含墙面乳胶漆、木器漆的涂刷和墙纸的粘贴，各自的验收标准可参考下表：

项目名称	验收注意事项
墙面漆	材料均符合要求，基层处理后平整、符合涂刷墙漆的要求
	墙漆的涂刷次数应符合规范要求，完工后表面应平整、光滑、没有色差，彩色漆没有透底、反碱、咬色等现象
	如果有用乳胶漆做线条饰面，还要检查纹理是否符合设计要求，并清晰、连贯
贴墙纸	墙纸基层处理要求墙面漆相同，墙纸要用胶粘贴，所以重点检验墙纸和胶的品质
	墙纸必须粘结牢固，无空鼓、翘边、皱折等缺陷；表面平整，无波纹起伏
	各幅拼接应横平竖直，图案按设计要求拼接完整、拼缝处图案花纹吻合
木器漆	钉眼需补平，涂刷底漆后须与周围颜色一致
	清漆涂刷完成后要求油漆平整、顺滑、均匀、无皱纹、光洁，木纹清晰
	混油漆要求平整、没有透底或流坠现象，颜色均匀一致，手感光滑细腻

油漆工程验收难题解疑

1.漆类材料的检验有哪些重点？ 解答见P108
2.家具和门窗的涂装，有什么操作规范？ 解答见P109

家
装
全
能
王

油漆工程的顺序 ✿

　　家装中的油漆工程包含了吊顶、墙面、门窗和家具几部分，正确的涂刷顺序是：家具、门窗→天花→墙面。这样做是为了避免相互污染，如果先刷墙再刷家具，很容易弄脏墙面。

漆也有3C认证 ✿

　　为了方便管理，通常材料都是分批进场的，除了整体工程开始前需要检验材料外，每一个工序开始前也需要检验材料。

　　油漆工程是家装的最后一个大项目，大家最关心的就是质量安全，在验料时可以查验是否有"CCC"即"3C"认证标志，此为质量认证标志，带有这个标志表示基本的使用安全是认可的，通常出现在电线、低压电器上和乳胶制品上。

别忘了查计量 ✿

　　很多业主在检验漆类材料时往往都会重点关注环保、质量方面的问题，而忽略了计量，计量就是指重量是否合格，计量认证的标志是"CNAL"，有这个标志说明桶漆的重量与标签上的相符，含水量也合格。如果计量不合格，不仅仅涂刷的质量会有问题，而且要多花很多资金。

简单方法验环保 ✿

　　环保这个问题是业主最为关心的，我们没有仪器，没有办法测量实际上的漆与包装上的是否相同，可以采用简单的方式来检验，将漆的桶盖打开，用眼睛去感受，眼睛尽量靠近开口处，眨几下眼睛，刺眼的感觉越明显，说明有害物质越多，反之，如果没有任何感觉，说明是安全、环保的，可以让对刺激物敏感的人测试。

🔧 家具涂装的规范操作

检验材料合格后就可以开始刷家具和门窗了，规范步骤是什么呢?

油漆工程是最后的面子工程，对施工人员的要求较高，只有规范的施工才能够获得美观的效果。家具刷漆分为清漆和混油两种方式，清漆完成后显露面板原有色彩、纹理，而混油则多为白色。两者步骤相差不大，具体规范可参考下表:

项目名称	内容
打腻子	将打理好的平整木板用准备好的腻子进行批刮、磨光、复补腻子后再磨光即可。木器漆最好使用油性腻子，没有可用透明腻子；如果是混油漆，每次打腻子之前最好涂一遍干性漆，保证效果
打磨	用粗砂纸把需要刷油漆的地方都打磨一遍，不要打磨得太用力，应保持家具原来的形状
	干净的布蘸水成半湿，将表面的粉末擦干净，之后拿细砂纸再重新打磨一遍，清洁粉末，这一步骤非常重要，这样操作涂刷的漆才更结实。
刷底漆	开始刷第一遍底漆，要求沿着木头的纹理均匀、平滑地涂刷，之后阴干至油漆干透，拿细砂纸把家具从头到尾再打磨一遍，这一次打磨是为了把油漆上刷得不均匀的地方打磨平，利于后面继续刷漆
	再刷底漆二到三遍，每一遍之后都要完全晾干后用砂纸打磨
刷面漆	底漆处理完成后开始刷面漆，刷第一遍面漆，干透后水砂打磨，再刷第二遍面漆，干透后，用细砂纸水砂打磨，清漆打蜡，完工。如果可以，面漆最好用喷涂的方式处理

🖊 监工秘笈支招

030 水性漆无污染

家装常用漆料分为水性漆和油性漆两种，前者以水稀释，环保性好，后者以硝基漆、聚酯漆为主稀释，漆本身和稀释剂都含有污染物，但效果好，所以很多业主会选择。

建议家人经常活动的空间选择水性漆。

油漆工程验收难题解疑

1.家具、门窗涂装的监工重点事项有哪些？ 解答见P110
2.墙面涂刷墙漆的规范操作是什么？ 解答见P111

重点监督事项 ✿

家具涂装最怕粉尘，粉尘容易附着在漆膜表面，容易造成粗糙感，影响效果，因此建议在地砖、地板完成铺设后再进行，可以降低粉尘的含量。

在涂装家具、门窗的过程中，监工重点包含以下几点：

▼ 遇到壁柜和门在同一个面时，两者的涂刷最好一起完成，可以避免色差。

条目序号	检验内容
①	同一个物体的涂装最好一次完成，否则容易出现色差
②	潮湿的天气施工不利于漆干燥
③	一定要在前一遍漆干透后再涂刷下一遍
④	如果气温过低，不利于涂装，会影响整体质量
⑤	在给木门刷漆时应将铰链、合页和锁的位置用美纹纸贴住

可结合使用漆 ✿

如果现场制作家具，为了减少有害物质散发又同时能够保证效果，可以选择将油性漆和水性漆结合。

家具外面容易磨损的面层使用油性漆，以保证涂装效果，内部使用水性漆，特别是大型的衣柜、储物柜等，因为有门内部通风较差，有害物质的挥发较慢，用水性漆更安全。

墙漆涂刷的规范操作

墙漆涂刷的规范步骤是什么？

墙面工程的基层处理非常重要，基层找平得好，可以使面层的效果光滑、平整，装饰效果更佳，如果基层处理得不好，将严重影响整体效果，后期还可能会出现开裂、变色等情况。涂刷墙漆每一步骤都有规范的要求，按照要求施工才能保证工程质量，具体操作规范可参考下表：

项目名称	内容
铲墙皮	"铲墙皮"是指铲除墙面原有的装饰层，如果开发商涂刷了乳胶漆，建议铲除掉，不了解使用的材料好坏，施工步骤也没有监理，很容易出现问题，石膏层建议保留，否则容易起皮、开裂
墙面处理	如果墙面有缝隙，贴上纸带，否则容易开裂，而后在墙面上用石膏粘贴网格布，在隔墙和顶面石膏板的缝隙、墙壁转角处用胶粘贴拉法基纸带
刮石膏	刮石膏的主要目的是找平墙面，特别是毛坯房，墙面基本都存在高低不平的情况，如果是石膏板隔墙，这一步可以找平补缝的地方与其他部分板面的高差
刮腻子	石膏找平后完全干透就可以刮腻子了，这一步的作用是找平、遮盖底层，通常会刮2～3遍，每一遍都不能太厚，要等待上一遍完全干透后再继续下一次
	第一遍腻子需要厚一些，晾干的时间可能比较慢，但一定监督工人要耐心等待，完成后要达到白和平整的效果
压光	最后一道腻子在七成干的时候要进行压光，目的是让腻子更结实、更细腻，压光处理后腻子能够耐得起洗刷
打磨	腻子完成后，需要用砂纸打磨，如果是大白可以随时刮，如果使用的是耐水腻子就需要在九成干的时候进行打磨
做保护	墙漆是最后的处理步骤，基本其他工序都已完成，为了避免弄脏其他界面，需要将制作的家具、铺完的地面用旧报纸保护起来
刷漆	涂刷底漆和面漆，通常为底漆1～2遍，面漆2～3遍，如果品牌有特殊要求请遵照说明，底漆刷完后需要打磨，且每一遍漆都应等待干透后再进行下一次

油漆工程验收难题解疑

1.墙漆处理最常听说铲墙皮，什么情况需要铲墙皮？解答见P112

2.腻子粉是不是需要兑胶，胶类有什么要求吗？解答见P113

什么情况下铲墙皮

铲墙皮是为了铲除墙面原有的漆或涂料，通常适用于开发商涂刷了墙面的情况或者二手房翻新。

如果原墙面涂刷的是防水腻子则不用铲除墙皮，直接用砂纸打磨找平即可。

墙面基层处理

墙面基层处理的规范操作如下：

步骤	内容
①	准备刮刀及斧头，腻子层先淋水
②	用刮刀开始铲除，难以铲除的地方使用斧头
③	遇到有缝隙的情况，要将缝隙凿一条沟，沟里刷防水胶
④	将抹灰石膏兑水搅拌，在防水胶上刮石膏

续表

步骤	内容
⑤	将网格布从上至下粘贴在墙面上，网格布上摸石膏，开关、面板处不要涂抹
⑥	石膏板隔墙和吊顶先将钉眼涂抹防锈漆，石膏板缝隙处刮石膏，干透后刮平，用胶粘贴拉法基纸带
⑦	处理好以上步骤后，等待干透，就可以开始刮石膏了

刮石膏要弹线

刮石膏的主要作用是给墙面找平，后续的施工是否平整都取决于这一步。

第一步是测量墙面水平度，将靠尺放在墙面上，在完全水平的地方用墨斗线弹出痕迹，之后沿着线刮石膏，石膏层表层要与线平齐，挂完后将靠尺与墙平齐，靠尺与墙面有空隙的地方都要用石膏补齐，之后重复实施这个步骤，一直到石膏层完全齐平为止，特别注意阳角、阴角处。

▼ 阴阳角的处理需要使用阴阳角刨刀，可以使角水平、垂直。

▼ 打磨腻子的时候，必须使用200W的灯泡照亮，更方便找平。

腻子要风干再打磨 ✿

腻子刮得好坏直接影响后期的墙漆效果，如果刮得不平后期很可能会开裂。施工过程中工人很可能会为了省事将腻子刮得很厚，导致很难干透，而为了加快速度，没有等待腻子干透就进行下一步，如果随后遇到雨季，房间内会有一种发霉的味道，严重的还会起皮、开裂甚至是漆皮脱落。

腻子粉莫用107胶 ✿

为了让腻子粉在墙面上固定得更加牢固，施工人员通常会在腻子粉中掺胶，用来提高强度，家装中常用的建筑胶有107、303、801、901等型号，其中107胶含有大量的有害物质，对身体健康危害严重，是国家禁止使用的建材，但其价格低廉，所以一定要做好监督，避免偷梁换柱。如不放心，建议自己购买。

🖊监工秘笈支招

031 天气冷刮腻子要注意保养

刮腻子如果遇到了气温低的天气，刮每一遍腻子后要注意保养，没完全干透的时候，最好把窗户关好，这是为了让腻子自然阴干，自然阴干的腻子更结实、耐用，所以应避免干风把腻子给吹干、吹裂。

刮腻子的注意事项	
条目序号	内容
①	刮腻子之前一定要对基底按规范进行处理，否则会影响腻子的附着力
②	刮腻子的时候要掌握好工具的倾斜度，应用力均匀，保证饱满度
③	腻子不能刮得太厚，根据不同的腻子特点，一般厚度以0.5～1mm为佳
④	刮的方向要一致，不能来回刮，以免卷皮、脱落
⑤	干透后要进行打磨，打磨时要用灯泡贴近墙面，一边打磨一边查看平整度
⑥	如果在梅雨季施工，刮腻子前要用干布将墙面的水汽擦干，保证墙面干燥
⑦	打磨腻子会产生大量的粉尘，如果现场监工建议戴口罩

腻子质量不能忽视 ✿

墙面出现问题时，普遍都会认为是漆出了问题，实际上很多时候都是底层腻子的原因。不论是自己购买材料还是对方供料，一定要关心腻子的强度、是否耐水等相关性能指标。

腻子的质量检验 ✿

检验腻子可以在和水后观察，粘性大、细腻的品质佳。可用刮刀铲一些腻子，翻转刮刀，很快掉下来，说明粘性小；腻子干燥后淋一点水，软化、碎裂说明质量不佳。

刮腻子的验收 ✿

俗话说"七分腻子，三分涂料"，腻子这一步非常重要，属于隐蔽工程，要重点验收。有时间的情况下，最好现场监工，重点检查以下几个方面：

条目序号	内容
①	表面是否完整、光滑，是否有裂纹
②	墙面与墙面、墙面与顶面的交界处是否顺直
③	检查腻子的风干程度，一定要完全干透再刷漆

刮腻子前装石膏线 ✿

很多家庭都会使用石膏线来美化墙面与顶面的转角，石膏线要在刮腻子之前安装完毕，方法有两种：

方法	内容
粘贴法	在铲除墙皮露出水泥层后，用胶水调和快粘粉，量不要太多，随用随调，避免浪费。先在预装的位置比画一下，弹线定位
	采用点式涂抹，间隔不要太大，将石膏线粘贴在墙面转角，用力按压，挤压出来的快粘粉涂抹到缝隙中，再用射钉固定，最后用毛刷蘸取清水刷接缝处，缝隙一定要用快粘粉涂平
钉法	在距离两端约55cm左右的地方钻两个1cm的洞，而后将石膏线放在要安装的地方，用铅笔画出洞的位置，拿下石膏线，用1cm的钻头在墙上画的位置上钻孔，放入木塞和塑料胀栓，将石膏线用自攻钉固定在上面

保温墙裂缝要处理 ✿

家中的墙体可以分为三种：承重墙、隔墙和保温墙。

其中保温墙起着保温的作用，可以是单独的墙体也可以附着在其他墙体上，非常容易出现裂纹，一旦墙体出现裂纹，在漆类施工前，应监督工人做贴布处理。

贴布用布或牛皮纸 ✿

为了避免施工人员偷懒不处理墙体裂纹，最好能够现场监工。如果不处理，刷完墙漆很容易开裂。

处理裂纹用涤纶布或者牛皮纸，利用纤维的张力保证面层漆膜的完整。也可以将保温墙整体贴一层石膏板，石膏接缝处填充石膏粉处理后，再粘贴涤纶布或者牛皮纸，可以有效地防止后期漆膜开裂。注意一定不能将墙体的保温层去除。

墙漆分底漆和面漆

墙漆分底漆和面漆吗，必须都刷吗？

很多业主都知道木器漆分底漆和面漆，而不知道乳胶漆也分为底漆和面漆，导致很多油漆工人都会有意漏刷底漆，直接涂刷面漆。刷底漆可以使基层的腻子变得更坚硬，进一步防止漆膜开裂，刷了底漆后面漆可以节省约20%的用量。乳胶漆涂刷方式有以下两种：

项目名称	内容
涂刷	此种施工方式使用的时间比较长，是最早的刷漆方式。它上漆的厚度要薄，覆盖性更好，但是会有明显的刷子或者滚筒的痕迹。如果墙面选择的是深色的乳胶漆，建议选择这种方式
喷涂	采用喷枪施工，厚薄均匀，平滑度好，干得快，但补漆不方便。喷漆喷洒的面积大，很容易沾染到其他物体上，所以采用这种方式保护工作要做好。喷涂分为有气喷漆和无气喷漆两种方式

有气喷漆 ✿

有气喷漆是喷枪借助压缩的空气将漆喷出，设备简单、容易操作、施工速度快，但不适合用于乳胶漆的施工，缺点是材料消耗快、漆膜薄、污染大。

无气喷漆 ✿

无气喷漆工费高，漆膜是有气喷漆的3倍厚，能够一次就达到工艺标准，漆面更光滑、细腻，主要用于乳胶漆施工。缺点是会加大漆的用量，且修补较麻烦。

监工秘笈支招

032 乳胶漆尽量避免低温施工

乳胶漆属于水性漆，应尽量避免在低温的天气下施工。

调配好的乳胶漆要一次用完，同一个颜色也尽量一次性刷好。如果要修补不要补一块，一定要将整体墙面重新涂刷一次，避免产生色差。

油漆工程验收难题解疑

1. 乳胶漆兑水有什么讲究吗，可以随意加大水的比例吗？**解答见P117**

2. 乳胶漆刷完以后，验收的内容包括哪些项目？**解答见P119**

乳胶漆要兑水

乳胶漆是目前运用最多的墙面漆类材料，为了避免颜料沉淀，通常都添加了增稠剂，使用时必须用水稀释再涂刷，否则容易出现明显的刷痕，漆膜也不光滑。

兑水按比例

一般乳胶漆的包装上都会有兑水比例的要求，这是厂家根据漆的特性给出的数据，非常科学，通常为20%，兑水不能过多也不能过少。

兑水过程要监工

乳胶漆越稀越容易施工，常出现施工人员兑水过多而业主却没有发现的情况，导致漆被稀释过度，涂刷后颜色不均匀。兑水多还可以减少乳胶漆的用量，建议业主仔细阅读漆的说明，亲自监督工人兑水。

兑水后要搅匀

乳胶漆兑水后要充分搅拌均匀，最好使用电动的搅拌器搅拌，使水与漆充分融合，否则容易分层。

 监工秘笈支招

033 乳胶漆质量检验

用手指沾取少许乳胶漆捻动，感觉细腻为细度均匀；同时好的乳胶漆在桶内应不分层、无异味、色相纯正。用木棍搅拌，看有无沉淀、结块和絮凝的现象出现，若有以上现象，就是不合格的乳胶漆。

监工验收全能王

计算用量避免浪费 ✿

在涂刷乳胶漆之前，可以自己对家中需要的乳胶漆用量计算一下，开桶以后就没有办法退换，估算可以避免造成浪费。

乳胶漆用量估算 ✿

乳胶漆用量的估算方式如下：乳胶漆的用量（kg）＝（房间的平方数÷4）＋（墙壁分米数÷4）。一间15m²的房间，房间高为27dm，乳胶漆的用量为（15÷4）＋（27÷4）≈11，11kg的面漆就可以涂刷房间两遍。

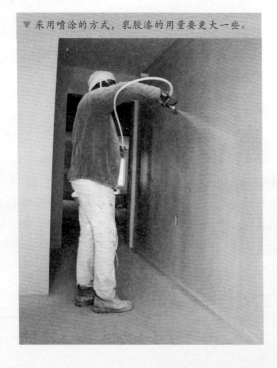
▼采用喷涂的方式，乳胶漆的用量要更大一些。

底漆一遍面漆两遍 ✿

腻子处理完毕后就可以刷漆了，先刷底漆，再刷面漆。

①将底漆兑水，搅拌均匀，质量好的底漆搅拌后会很粘稠；

②开始涂刷，边角部位要用刷子刷，其他部分滚涂或喷漆，底漆刷一层即可；

③底漆干透后再刷面漆，涂刷方式同底漆相同，面漆要刷两遍，第二次面漆要等待第一遍面漆干透后再进行。

刷墙漆不能太快 ✿

乳胶漆与腻子一样，每涂刷下一次都要在上一遍干透以后再进行，有的工人为了赶工，没有干透就会涂刷下一遍，后期很可能会出现漆膜开裂的情况。乳胶漆干燥与施工的天气有关，可以分为三个阶段：

阶段名称	内容
第一阶段	表面干燥，正常气候需要1～2个小时
第二阶段	实干，时间约7天，这个阶段就不会再有味道
第三阶段	干透，根据天气情况，需要三周左右

家装全能王

墙漆的验收标准

墙漆的验收标准包含哪些内容？

乳胶漆涂刷完毕，阴干后就可以进行面层的验收，验收的内容主要包含以下几个方面：

项目名称	内容
平整、光滑	乳胶漆涂刷完工后首先要能够保证漆膜平整、光滑，没有刷纹、流坠现象，没有掉粉、漏刷现象，摸上去没有明显的颗粒，用手触摸不会有滞留感
	墙、顶面必须平直，用2m靠尺及楔形塞尺随机抽查，水平垂直误差应小于2mm，自然光线下无波浪起伏
色泽均匀	如果家里的乳胶漆做了花式设计，比如纯色和彩色刷拼、接色等，验收时要重点注意墙面有没有透底、反碱、咬色等现象
	透底是指由于墙面的表层没有完全被遮盖住，反碱就是指墙面起霜，而咬色则指漆层的乳胶漆成分受环境影响发生了反映，导致原来的颜色变淡或是直接变成另一种颜色
衔接	还要注意检查墙面乳胶漆的施工有没有漏缝现象，乳胶漆与插座、开关面板等衔接的地方是不是平整、没有凸起
纹理	当用乳胶漆做线条饰面，在进行验收时就还要检查它的纹理是否清楚、贯通，这直接影响着墙面效果

 # 监工秘笈支招

034 乳胶漆选色自己做主

白色乳胶漆施工最简单，所以工人都会建议刷白色，然而白色并不是适合所有的房间，例如儿童、老人房等，温暖一些的颜色会更舒适，彩色漆越多施工人员越费工，如果对方包工包料就会极力劝说刷白色，这时就需要坚持己见。

油漆工程验收难题解疑

1.用硅藻泥来装饰儿童房，是完全环保的吗？ 解答见P120
2.硅藻泥在施工完成后，从哪些方面进行检验比较好？ 解答见P121

环保材料硅藻泥 ✿

近年来兴起了一种新型的墙面涂装材料——硅藻泥。它的特点如下：

名称	内容
优点	它以硅藻土为主要原材料，具有消除甲醛、净化空气、调节湿度、释放负氧离子、防火阻燃、墙面自洁、杀菌除臭等功能，色彩柔和，有着独特的装饰性
缺点	表面较硬，多数带有花纹，脏污及灰尘清理较困难；碱性高，调成深色很容易花，多数限于使用浅色；需要单独施工，价格较高

质量鉴别技巧 ✿

由于兴起的时间短，所以行业内有些混乱，建议大家买大品牌的产品。

可以采用喷壶和水来鉴别硅藻泥的纯度，硅藻泥孔洞大，$1m^2$墙面1分钟内大约吸水1kg，不掉色、不流泥。

施工步骤 ✿

硅藻泥基底的处理步骤同乳胶漆，之后的施工步骤可以总结为：搅拌料→涂抹→肌理图案制作→收光。

▼硅藻泥多为柔和色彩，花纹多样，零甲醛，环保性能优于乳胶漆和墙纸。

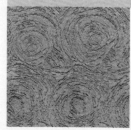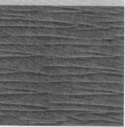

硅藻泥施工步骤详解	
项目名称	内容
搅拌料	硅藻泥通常为20kg/袋，分为干粉料、细砂肌理料和粗砂刮砂料，根据材料要求加水
	在容器中加入涂刷墙面整体用水量90%的清水，水最好用量杯测量，避免每次调的料有色差。倒入硅藻泥干粉浸泡几分钟，之后电动搅拌机搅拌约10分钟，搅拌同时添加10%的清水调节施工粘稠度，充分搅拌均匀后方可使用
涂抹	涂抹第一遍，晾干，厚度以1mm为佳，手摸以不粘手为宜，若有露底的情况将其补平，之后涂抹第二遍，厚度约1.5mm，两遍涂抹的总厚度以1.5~3.0mm为佳
肌理图案制作	第二遍干燥后，制作肌理图案
收光	制作完肌理图案后，用收光抹子沿图案纹路压实收光

硅藻泥的验收标准

硅藻泥验收标准包含哪些内容？

硅藻泥不同于普通墙漆，它的验收有着独特的标准，可参考下表：

条目序号	内容
①	测量甲醛含量，纯正的硅藻泥甲醛含量为零
②	处理完成的纹理应没有尖锐的棱角和刺手感，手触摸墙体会有松软感，墙体偏暖，如同常温
③	吸水性检测，硅藻泥有强大的吸水性，能够完好地对抗南方的梅雨季节，以用喷壶在同一点面上喷15下以上没有水流为合格
④	表面是否有明显的水印或者小缝隙，若有可以要求施工人员进行返工

油漆工程验收难题解疑

1.硅藻泥是零甲醛吗? 解答见P122

2.硅藻泥的施工方法可分为几种,各有什么特点? 解答见P123

硅藻泥的肌理施工

硅藻泥在装饰性上有别于其他墙面材料的明显特征就是千变万化的肌理,只要敢于想象,各种肌理都能够完成。

硅藻泥的肌理施工工艺主要有三种:平涂工法、喷涂工法和艺术工法。

三种方法的基层处理同乳胶漆:基层处理及养护→批刮腻子找平墙面→涂刷封闭底漆。

硅藻泥三种工法的特点	
项目名称	特点
平涂工法	此种方式适合追求类似乳胶漆一般的平涂效果,又喜欢硅藻泥零甲醛特点的业主,需要注意的是,硅藻泥的颗粒较大,即使采用平光工法,也不能够完全达到乳胶漆的涂刷效果
	一共需要涂刷两遍,第一遍用不锈钢镘刀将搅拌好的材料薄薄地批涂在基面上,宽度控制在80cm即可,确保效果平整、均匀,没有气泡和明显镘刀痕迹。紧跟着按同一方向批涂第二遍,涂层厚度应控制在1~1.2mm左右
	完成后及时检查是否有缺陷,及时修补。待涂层表面指压不粘、无明显压痕时,再按同一方向使用0.2~0.5mm厚的不锈钢镘刀,批涂第三遍,厚度0.8~1mm左右
喷涂工法	此种方法适合大面积空间施工,快速、高效。喷涂的路径非常重要,施工前先确定喷涂点和喷涂顺序,一般来说应遵循"先远后近,先上后下,先里后外"的原则,先顶棚后墙面,先室内后过道
	一共需要喷涂两遍。第一遍喷涂遮住底面,防止露底。完成后,用手触摸墙面不沾手,再开始喷涂第二遍

家装全能王

项目名称	特点
喷涂工法	喷涂工法的肌理效果比较单一，多为凹凸状肌理。干燥前，适当刮压凸点，就形成平凹肌理风格
艺术工法	最具个性的一种施工方法，即使是一样的纹理，不同的工人施工所呈现的效果也是有区别的，是硅藻泥最具代表性的施工方式，对施工人员的技术要求较高
	常见有印花胶辊、镘刀、印刷、印章、手绘、拉丝等诸多施工方式

图解硅藻泥施工效果

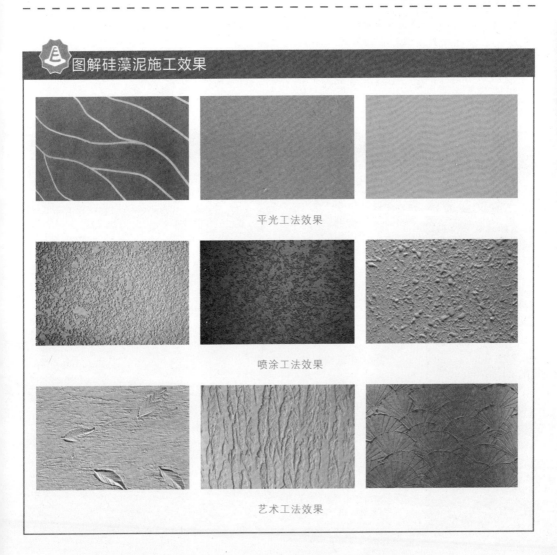

平光工法效果

喷涂工法效果

艺术工法效果

监工验收全能王

123

油漆工程验收难题解疑

1.到底是贴墙纸好还是刷乳胶漆好？ 解答见P124
2.粘贴墙纸的规范操作步骤是什么？ 有什么注意事项？ 解答见P125

墙漆和墙纸选什么

在装饰墙面的时候，很多业主都会面临一个难题，既想贴墙纸又想刷乳胶漆，不知道怎么选择比较好。

两种材料各有优劣，可以综合自家的情况和喜好，将两种材料各方面性能和缺点综合起来进行选择。

墙漆和墙纸的比较		
	墙漆	墙纸
花纹	色彩可以调和，只能刷出肌理感不能刷出花纹	图案、花色的种类繁多，有纯色的也有带花纹的，可以随意选择
价格	低档产品和高档产品价格差距不大	以卷为单位，便宜的十几元，贵的能够达到千元
环保	材料合格的情况下，由于很少使用胶类材料，基本能够达到环保要求	要使用胶粘贴，完工后味道会比较明显，有害物会比刷墙漆多，想要达到环保要求，需要使用高档胶类
损耗	一般在5%左右	10%～20%之间
开裂	陆续开裂，1年后趋于稳定，缝隙不会太大，不会非常明显，可以局部修补，但效果不是很好	通常在完工2年后开始开裂，通常是翘起、卷边，会越来越明显，不能修补，需要全部更换
遮盖力	涂刷不好可能会出现透底的现象	完全能够覆盖住基层，不会出现透底的现象

墙纸的规范施工步骤

墙纸的规范施工步骤是什么？

按照规范进行施工能够减低墙纸的开裂概率。墙纸的规范施工步骤可参考下表：

项目名称	内容
基层处理	在腻子层干透后、粘贴墙纸前，必须在墙面刷一层基膜，作用同底漆，之后可以开始粘贴墙纸
刷胶	将胶水均匀地涂刷在墙纸的背面，放置片刻，让胶变得更黏
粘贴	从上至下粘贴，墙角处用水平仪测量垂直度，去掉边角
处理起鼓	在粘贴过程中，如果出现起鼓现象，用注射器注入胶水，用刮板将多余的胶水挤压出来，缝隙处压严实
养护	完工3天后，用湿毛巾擦拭表面，进行养护

 # 监工秘笈支招

035 墙纸监工的注意事项

★为了避免色差，同一个型号的墙纸应为一个生产批号；

★使用的胶应为正规产品且信誉良好的品牌；

★一般情况下标准幅宽的墙纸每卷可以粘贴5m²墙面，加上损耗，可以核对一下进场材料的数量；

★墙纸的粘贴分为干贴和湿贴，湿贴需要先将墙纸浸水，然后再刷胶，施工速度快，但容易翘皮；干贴是直接在墙纸上刷胶，强度比湿铺大，不容易翘起，但对施工人员技艺要求高；

★与乳胶漆一样，一定要处理好基层，能够有效地防止后期开裂；

★最好从窗边或者靠门边的位置开始贴。

避免墙纸开裂，阴干是关键

非常喜欢墙纸的效果，有什么方法能够预防开裂？

很多业主非常喜欢墙纸的装饰效果，且工期短、施工步骤简单，但很多人可能会发现，即使完全按照规范施工，贴好的墙纸还是会开裂，怎么才能更好地预防呢？下面提供几点监工建议：

项目名称	内容
阴干	施工时注意气温，尤其是在干燥的季节，贴好墙纸后将门窗关闭，避免风直接吹入室内，让墙面慢慢阴干，追求风吹快干效果很快就会开裂
必刷基膜	贴墙纸之前，一定要涂刷一次基膜，防潮耗能保护墙面，后期更换墙纸也更简单
基层要干燥	基层处理完毕后，一定要在完全干燥的情况下粘贴墙纸，特别是在夏天，如果感觉腻子层潮湿，就不建议粘贴，否则容易起泡、开裂
过于干燥应加湿	夏季和北方的冬季，室内可能会出现非常干燥的情况，导致墙面也很干燥，胶水会很快被吸收，墙纸上墙后，可能会因为胶水分布不均而导致边角开裂。这属于正常现象，但是一定要请施工人员及时进行修补
	由于墙纸需要关闭门窗阴干，如果担心因为室温过于干燥而导致墙纸开裂概率加大，可以采取一些手段将室内的适度增加
养护	墙纸贴好3天后，如果发现接缝处有开裂迹象，用专用的墙纸胶或乳白胶及时进行修补

 监工秘笈支招

036 贴墙纸夏季、冬季施工要注意

墙纸需要用胶来粘贴，但在高温环境下，胶水极容易挥发出有害气体。如果在夏季施工，所用的胶水一定要选高档品，并严格监督材料品质，一旦使用劣质品很有可能导致有害气体散发，影响房间环境和人体健康。

家装全能王

五、装修后期的验收内容

此阶段也叫竣工验收，家装所有的工序基本上已经完工，除了中期的隐蔽工程的外观和五金件的验收，例如家具外观、门合页和门吸等是否安装正确外，主要验收电路面板、水龙头、洁具、灯具等后期安装的物品是否存在质量问题和安装不当。

涵盖之前的各个工序

装修后期的验收包含哪些内容呢？

包含了前面所有完成的工序，包括为隐蔽工程、木工施工、油漆施工、泥瓦施工以及后期的金属施工。详细验收项目可参考下表：

项目名称	验收内容
电路施工	所有开关、插座的面板安装位置是否正确；相线是否正确；强、弱电插座的距离是否符合要求；灯具布局是否合理
水路施工	龙头的位置是否正确、便于使用；下水口位置有没有按照要求安装
木工施工	吊顶：转角为直角的角度是否精确、所有结构是否横平竖直、天花角线接驳处是不是顺畅，有无鲜明不对纹和形状改变；卫生间、阳台及厨房的铝扣板吊顶有无变形情况
	家具：柜子的主体柜门开关是不是正常；柜门开启时，是否操作轻便、没有异声。固定的柜子的主体接墙部一般应没有接缝
	门窗：门扇开启是否正常，关闭状态时，上、左、右门缝是否应严密，地面完工后下门接缝是否适度

项目名称	验收内容
木工施工	木地板：表面漆膜完好无损坏、无色差，对缝正确、严密，错缝符合要求，脚踩无声响
	其他木工项目：木工项目是不是对等，踢脚板是不是安装平直、离地精确，柜门拉手锁具安装位置是不是正确、开启正常；窗帘盒安装是否牢固、符合设计要求
油漆施工	混油工程表面不应有刷痕，且没有起包、裂痕，油漆厚度要均衡、色泽一致，表面平滑、手感细腻
	清漆工程表面应纹理清晰、漆膜厚度一致，漆面饱和、干净，没有颗粒，没有任何缺陷
	墙壁白乳胶漆是不是表面平坦、反光均匀，没有空鼓、起包、裂开现象，家具及门窗上应没有漆喷洒的痕迹
	石膏板吊顶的面层漆膜应平坦，板接处没有裂痕
	墙纸拼缝是否精确、没有扯裂现象，带图纹的纹路拼纹是否精确、没有错门现象
	墙面完工后应没有污染、没有脏迹存在
泥瓦施工	砖面是否平整、没有倾斜，接缝是不是全部一致
	有地漏的房间内地面砖是不是有充足的自排水倾斜度
	砖面有无破碎、崩角现象
	砖面花纹方向是不是正确、没有反转现象，花砖和腰线位置是不是正确、没有偏位或高度错误现象
金属工程	金属门、窗是否操作灵活、开关没有阻碍
	防盗网落点是否牢固、没有松动现象
杂项	灯具是否都亮，工程垃圾是否全部清理干净。洁具安装是否全部正确，并使用无碍，地漏有无堵塞
	定制家具的检验、购买家具的调试等

装修后期水、电工程的验收内容

水、电施工在竣工期验收的详细内容有哪些呢？

在完成了装修中期的隐蔽工程后，水电的线路被隐藏起来，后期的验收内容主要侧重于面层能看见的项目的验收。主要内容可参考下表：

项目名称	验收注意事项
水路	全部有龙头的位置，龙头的安装是否牢固、没有松动渗水的现象，出水是否顺畅；冷热水的方向是否与龙头上的标识相符
	阀门是否能够拧动顺畅；水表的安装是否正确并运转正常
电路	开关插座的型号、位置应符合图纸的设计要求，安装牢固，面板端正，表面整洁无污物，并紧贴墙面，多个并列要求高度一致，开关使用灵活、插座平顺有效，相线正确

 ## 图解水路、电路竣工验收

龙头安装牢固

冷热水管道接驳正确

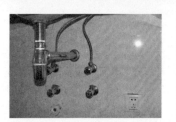
阀门拧动顺畅

用相线仪测试相线

面板安装牢固、端正

多个面板并列，用水平仪测试应水平

装修后期验收难题解疑

1.木工工程收尾验收都包括哪些项目？**解答见P130**

2.油漆施工装修后期的验收都包括哪些内容？**解答见P132**

木工工程收尾验收

木工工程前期隐蔽工程类别的框架、结构已验收结束，收尾阶段的验收重点主要是吊顶及门窗、家具的面层和五金的安装使用是否合格，还有木地板、踢脚板的铺装是否符合规范。具体验收的内容可以参考下表：

项目名称	验收注意事项
吊顶	石膏板吊顶：标高和规格符合设计要求，各个立面的表面应平整，无起拱、塌落及凸凹不平现象；各界面交接处没有裂缝、结合严密；灯具布局合理，横竖对称；装饰线安装平直，接口直顺
	铝扣板吊顶：吊顶的标高和规格符合设计要求，饰面板各平面、立面的表面应平整，无凹凸不平，无划痕、碰伤
家具	柜门、抽屉的缝隙不能过大，应横平竖直，由于距离中期验收相隔一段日期，应注意检查内部有无断榫、断料现象；隐蔽的抽屉需要检查结构中有无榫槽，榫槽内是否用胶，抽屉帮和堵头是否用钉子连接
	整体结构的家具，各个连接点必须密合，不能有缝隙，不能松动；四脚要平整，站立牢固、平稳；固定在墙上的家具与墙之间应没有缝隙
门窗	木门窗套的制作应符合设计要求，窗套材料应与门扇配套，细节处与图纸相符；表面应没有明显质量缺陷；用手拍击不应有空鼓声，垂直度与门窗扇吻合
	门扇的尺寸与图纸尺寸应一致，开启方向应符合设计要求；安装合页的洞口预埋件应准确、牢固，门窗扇与框的合页位置一致，门扇与门框的锁具开口吻合，门吸的位置应准确

项目名称	验收注意事项
木地板	木地板表面应无磕碰痕迹、戗茬和毛刺；木纹清晰、无色差，铺装方向符合要求，板块接缝严密，接头位置错开，表面洁净
其他	踢脚板铺设接缝严密，表面光滑，高度及厚度一致；下口平整度误差应小于1mm，缝隙宽度小于0.3mm，上口平直度误差小于3mm，拼缝平直度误差小于2mm
	窗帘盒外观和尺寸符合设计要求，安装牢固；对称性分布的木工工程应完全对称，所有家具上的拉手、锁具、铰链安装位置应符合设计要求，并能够顺畅地开启、关闭

图解水路、电路竣工验收

石膏板吊顶表面平整没有缺陷

灯具布局合理、对称

铝扣板平整、光滑、无划痕

家具柜门、抽屉缝隙恰当

家具内部无断榫、断料

各连接点密合无缝隙

门扇与门套的材料一致

踢脚板接缝严密，高度一致

家具五金安装符合设计要求

监工验收全能王

装修后期油漆施工的验收内容

油漆工程在竣工期验收的详细内容有哪些呢？

在完成了装修中期的隐蔽工程后，水电的线路被隐藏起来，后期的验收内容主要侧重于面层能看见的项目的验收。主要内容可参考下表：

项目名称	验收注意事项
混油	漆膜的颜色应一致无色差，无刷纹，不能存在脱皮、漏刷、反锈、泛白、透底、流坠、皱皮、裹棱等缺陷；用手触摸表面应光滑，与木器相邻的五金件、玻璃洁净，无油迹
清漆	不能有漏刷、脱皮、斑迹、裹棱、流坠、皱皮等缺陷，木纹应清晰，棕眼刮平，无色差、无颗粒感，漆膜光亮柔和，同木器相邻的五金件、玻璃洁净，无油渍
乳胶漆	不允许有连皮现象，不允许有流坠，手触摸漆膜光滑、不掉粉，门窗及灯具、家具等洁净，无涂料痕迹。如果有肌理设计应符合设计要求
墙纸	面层没有脏污和胶痕，幅面横平竖直，图案端正，拼缝处对花正确；距墙1m处目测、阳角处无接缝，阴角处搭接顺光
墙纸	与挂镜线、门窗框贴脸、踢脚板等交接紧密，无缝隙，无漏贴，无补贴；面层粘贴牢固、无空鼓、翘边、裙皱等问题，表面平整、洁净
环境卫生	此阶段属于竣工阶段，墙面、顶面、地面要求整洁、干净，不能存在油漆等痕迹

 # 图解水路、电路竣工验收

油漆的漆膜应光滑、无缺陷　　墙漆表面平整、无缺陷　　墙纸粘贴牢固、无翘起

家装全能王

装修后期验收难题解疑

1.泥瓦施工收尾验收的具体内容是什么？ 解答见P133

2.油漆施工装修后期的验收都包括哪些内容？ 解答见P134

泥瓦工程收尾验收

泥瓦工程的前期砌墙等工序已被后期油工施工工序掩盖，所以竣工验收主要包括面层看见的墙砖、地砖或石材的验收。特别要注意在经过后期一系列工序后，砖的阳角、面层有无损坏的痕迹，具体可参考下表：

项目名称	验收注意事项
墙砖	砖体粘贴必须牢固，表面无歪斜、碰瓷、缺棱、掉角和裂缝等缺陷，同一区域内的砖体颜色、尺寸应一致。表面应平整，色泽协调，图案安排合理，无变色、泛碱、污痕和显著光泽受损处
	转与砖之间的接缝填嵌密实、顺直、宽窄均匀、颜色一致，遇水无渗透、无脱落，缝隙宽度小于1mm，阴阳角处搭接方向正确。非整砖使用部位适当，排列平直，同一墙面不能出现两排非整砖
	平整度误差小于2mm，垂直误差小于2mm，接缝高低偏差小于0.5mm，平直度小于2mm，四角平整度误差小于1mm，阳角采用45°裁口拼接；轻敲砖的表面不得有空洞感，空鼓率小于5%
	经过了后期工序后，砖体表面应保护完好，不能有任何的胶痕及漆类的痕迹，例如喷漆造成的喷洒痕迹等
地砖、石材	除包含墙砖的所有验收标准外，非标准规格板材铺装应部位正确、排列平直。厨房、卫生间地砖顺水坡度不得小于5°，泄水流畅，无积水

除了前面介绍过的几大工序外，还有什么项目需要验收？

家装的都有工序的收尾验收除了前面介绍的几大工序外，还包括一些杂项，很容易被遗忘，包括金属类的项目，如金属门、窗，防盗网等，它们是家庭的守护者，这一类项目应严格验收。主要内容可参考下表：

项目名称	验收注意事项
金属施工	金属门、窗开合应顺畅，安装牢固，能够与套平顺、垂直。窗锁门锁开启或关闭无碍，能够锁紧。若有金属推拉门轨道应安装牢固，推拉顺畅没有晃动感，玻璃上没有胶痕和喷漆痕迹
	防盗网、安全网的焊点牢固、无松动现象，能够承受的力度应符合设计要求
杂项	所有的灯具打开后都能亮，如家具上设计了灯具，需要特别检查一下
	如果家里的家具是定制的，通常竣工前就会安装完毕，应重点检验其连接件的牢固程度、柜门能否完全闭合没有缝隙
	若家具购买成品，建议在工人离场前进场，若发现柜子类的家具底部不平的情况，可以让施工人员帮助调整
	所有工程类的垃圾都应清理干净，洁具安装完成，地漏没有堵塞的现象

监工秘笈支招

037 保洁"开荒"需要注意的

★很多业主在竣工后都会请保洁公司的人员来进行"开荒"，建议尽量找正规的大公司，打扫卫生的时候应在场监督，禁止使用钢丝刷、具有强烈侵蚀作用的酸碱溶液等，会破坏材料的表面，造成无法弥补的损失。

★保洁最佳时间是在尾款没有结清之前，如果保洁后发现问题能够让工人及时修补。

家装全能王

六、装修验收过程中的误区

家庭装修最让人重视的莫过于验收环节，验收时若出现问题较多，必定会对以后的生活增添麻烦。

前面我们总结过，家装可以分为三个验收阶段，甚至到装饰完毕以后，还要对室内空气质量进行验收。但是在整个施工过程中，未必每一位业主都懂得怎样做好验收，往往是没有时间，匆忙检验，等到竣工阶段再进行验收，很多质量检验都是一带而过，在装饰完毕后，也没有对室内空气质量进行验收，匆忙入住。这些都是属于家装验收过程中的误区。

不仅是水电等隐蔽工程，还有泥瓦工、木工、油漆工等，每一个工序都要及时验收发现问题及时返工，在检验前监工人员应明确容易出现的质量问题做重点检查，待合格后再进行下一项，如果全部把问题堆积到最后，会增加很多不必要的麻烦，让人心力交瘁。重视过程未雨绸缪，才能够给自己一个美观、安全的居住环境。

 容易出现质量问题的工序

有哪些施工项目容易出现质量问题呢？

想要控制好家装的整体质量，从头监工到尾是必要的，能够避免很多问题。除了检验材料和后期的空气检验容易被忽略外，在水电、木工、泥瓦工和油漆工程上，也有很多质量问题都是由于监工不严而出现的，应予以重视，各工序的常见质量问题内容可参考下表：

项目名称	内容
水电工程	水路：管路渗漏或堵塞；水流过小；软管爆裂；坐便器冲水时溢水；下水道异味；龙头冷热水与龙头标识方向相反；热水达到温度后下降过快

项目名称	内容
水电工程	电路：材料、电气产品的质量不合格造成火花、失灵；线路接错导致的开关、插座不通电；面板安装不当；插座预留数量太少；电线不套管直接埋入槽内；线头绝缘处理的不好引起短路等；强电、弱电距离太近，导致弱电信号不强；完工的线路遭到后续工序的破坏
泥瓦工程	墙、地面砖或石材，变色明显；空鼓面积过大；整体的平整度偏差大；卫生间墙砖贴得不牢固，完工没多久没有受到大力磕碰就掉落；砖整体的缝隙不直
木工工程	石膏板吊顶：使用木龙骨不做防火、防腐处理；顶面拱度不均匀；面层变形；拼接处不平整、不严密或错位；面层开裂；塌落
	铝扣板吊顶：变形、不平整，缝隙不直
	门窗：门、窗扇与窗框之间的缝隙超过要求范围；门扇开关不顺畅；推拉门窗滑动时往侧边歪不走直线；门窗洞口侧面不垂直；饰面层有色差、破损、腐斑、裂纹等；用手敲击门套侧面板有空鼓声；门扇变形
	家具：常见板材开裂、变形；结构松动脱落；表面划伤等问题
	木地板：脚踏上去有响声，敲击后空鼓面积大；表面不平；拼缝不严；局部翘鼓
	窗帘盒：窗帘盒松动、位置不正
油漆工程	家具及门、窗套涂装：常见的质量缺陷有流坠、刷纹、皱纹、针孔、失光、涂膜粗糙等
	墙面涂装：乳胶漆涂刷常见的质量缺陷有起泡、反碱掉粉、流坠、透底及涂层不平滑等
	裱糊：粘贴墙纸、墙布，常见问题有腻子翻皮、裂纹、有疙瘩、透底、咬色等

 监工秘笈支招

038 避免监工误区，亲自监督最佳

多数业主因为时间问题会觉得耗费精力，请监理公司或只在有空的时候去看几眼。这是导致质量问题出现的关键。可以在几个关键的验收时段进行验收，发现问题要求工人返工，合格后再进行下一工序，这样可以对整体做到心中有数。

家装全能王

水电施工禁忌

严格遵守 保安全

⚙ 水电施工禁忌

水电施工的禁忌包括哪些内容呢？

水火无情，如果水、电施工过程中不按照规范要求操作，很容易在后期出现问题，轻则为生活增加麻烦，例如水管渗漏、阀门不灵活，电路总跳闸等小事情，重则危害生命安全。水电施工中有一些常见的质量问题，详细内容可参考下表：

水路施工禁忌		
质量问题	原因	处理办法
管路渗漏	冷水管：渗漏通常是由水管和管件联接时密封不严导致的	要求施工人员把密封材料生料带缠足
	热水管：1.密封不严。2.使用了生料带密封，生料带受热老化而导致的	应使用麻丝加铅油来对热水管进行密封
水流小	进行水路改造时，为了连接整个线路，锯好的水管上需要套螺纹，如果螺纹过长，水管旋入管件（如弯头）过深，就会造成水流截面变小	管路连接完成后安装一个简单的龙头，如果发现这个问题，将螺纹改短
软管爆裂	将主管连接到洁具上通常使用蛇形软管，若使用了劣质管或安装时把软管拧劲，使用时会造成应力集中，软管承受不住压力时就会爆裂	购买时要选购品质高的产品，安装时要将软管捋顺，打弯的地方缓慢过渡，不要打死弯。拧动时不要用力过猛
坐便器冲水时溢水	若安装坐便器时底座凹槽部位没有用油腻子或玻璃胶密封，冲水时就会从底座与地面之间的缝隙溢出污水	安装坐便器时，在底座凹槽里填满油腻子，装好后周边再打一圈玻璃胶

质量问题	原因	处理办法
下水异味	洗漱盆下水管：有的时候会出现洗漱盆的下水与下水入口相错位的情况，就没办法使用面盆自带的下水管道，很多安装工人为了省事，用洗衣机下水管做面盆下水，但又不做S弯，造成洗面器与下水管相通，异味就会返上来	如果遇到这种情况时，监督工人在安装软管时一定要把软管打一圆圈，用绳子系好，形成水封就会阻止下水道的味道返上来
	地漏：有的业主认为地漏不重要，使用了价格特别低的产品，导致地漏部分没有封住下水味道的装置，使下水道异味返上来	选地漏的时候，购买有防止返味设计的款式，如果是水封式，记得及时向地漏中加水
冷热水安装与龙头标识相反	通常热水和冷水管的安装为左热右冷，因为人们多习惯使右手打开龙头，使用冷水的时间比较多，所以如此设计，如果装反了，就说明冷、热水的管道方向是反的	后期发现基本没有办法改正，如果请的不是正规公司的水暖工，一定要在施工时严格监督，使冷热水管的布管正确
热水温度下降过快	这是由水路改造时施工人员操作不规范引起的，冷热水管的槽路相距太近或者同槽但没有对热水管做保温包裹	冷热水管应分别开槽，且距离不小于15cm，一定要在初期就处理，一旦封槽后再改就将费时费料
电路施工禁忌		
质量问题	原因	处理办法
电路失灵、有火花	电路改造时所使用的电线或后期安装的面板质量不合格	需要重新更换电线和面板，一定要在初期就把好质量关，后期再更换非常麻烦
开关、插座不通电	通常是因为开关、插座接错线或接线错误、接线不实、面板安装不牢固、螺丝未拧紧等	尽量找专业的电工施工，需要检查整个线路，重新接线或处理电线接头部分
面板安装不当	开关、插座的面板歪斜，相邻位置的面板高度有高有低	多为底盒歪斜导致的，如果仅仅是面板歪斜卸下来重新安装即可，如果是底盒的问题没办法返工
插座预留数量过少	完工后使用时发现电视墙、厨房等用电较多的地方插座预留的数量过少，经常需要用接线板拖来拖去	对于用电比较多的房间，设计时一定要将插座安装得多一些，避免有没想到的电器或者后面添置电器没有插座用。解决办法只能用插线板

家装全能王

质量问题	原因	处理办法
电线直接埋入槽内	电路改造规范要求电线套管后才能够埋入线槽中，而很多时候施工人员为了图省事直接将电线埋进槽中，如果此时业主不在监工，后期封槽后很难发现，这样做会使电线绝缘皮加速老化，时间长了，很可能会出现墙壁潮湿而带点或者起火的情况	一经发现立刻返工，将电线重新套管再埋入槽内
经常短路	如果电工技术水平有限，或责任心不强，对接头的打结、绝缘及防潮处理不好，就会容易发生断路短路现象	没有面板的地方不应该有接头，如果必须接线，接头应按照规定处理，并做好绝缘及防潮处理
弱电信号不强	强电与弱电距离太近、或同槽、或在地面交叉相遇时一方没有用锡纸包裹，导致弱电受到强电干扰，造成信号微弱	前期严格监工，若完工后发现需要找出原因重新施工，处理起来非常麻烦，多数人为了省事只能选择忍受
完工线路遭到破坏	墙壁线路被电锤打断、安装地板时气钉枪打穿了PVC线管或护套线等	电路改造完成后，需要保留线路图，或者在墙面、地面标出管线位置

泥瓦工程常见质量问题

发现及时返工 损失小

🔧 泥瓦工程常见质量问题

泥瓦工程常见的质量问题包括那些呢？

泥瓦工在部分隐蔽工程被面层覆盖后，最易被人们察觉的就是墙、地砖或石材表层的缺陷，例如缝隙不均匀、变色等。有些质量例如空鼓，虽然肉眼看不见，但带来的问题却不小，所以应尽量避免。泥瓦工常见的质量问题可参考下表：

泥瓦工程常见质量问题		
质量问题	原因	处理办法
地面砖或石材空鼓	1.粘结层水泥砂浆过稀。2.铺装时水泥素浆已干。3.板材背面污染物未除净。4.养护期过早上人行走或重压	如果空鼓率超过标准,应返工重铺,可用吸盘吸住板材,平直吊出,按规范要求铺装
地面砖或石材平整度相差大	1.施工操作不当。2.板面没有装平。3.板材翘曲	1.铺地砖之前先对板材做一次筛选,剔除厚度不均匀、变形的。2.在板背抹砂浆调整找平,对局部偏差较大的,可以用云石机打磨平整,再进行抛光处理。3.没有装平的板块,应取下重装
墙砖空鼓	1.背面粘结材料没有抹匀。2.砖块浸泡不够。3.基层处理不净。	1.砖必须干净、泡水时间不能少于2小时,粘结厚度应控制在7~10mm之间。2.产生空鼓时,应取下墙面砖,铲去原来的粘结砂浆,可在水泥砂浆中加3%的108胶进行修补
墙砖变色	1.瓷砖质量差、釉面过薄。2.施工人员操作方法不当	1.材料挑选好再施工。2.泡砖用干净的水。3.水泥砂浆不能有杂质;操作时,要随时清理砖面上残留的砂浆。4.如果变色面积较大,应换砖重新铺
墙砖粘贴不牢固	1.施工人员偷懒没有对墙面进行拉毛,直接在光滑的墙面上贴砖。2.水泥砂浆的比例不当	1.在铺装墙砖之前,应对墙面进行拉毛处理,加强粘结层与墙体之间的粘结力,使砖粘得结实、牢固。2.水泥砂浆应按照比例和要求调和
墙砖接缝不直	1.砖的规格有差异。2.施工不当	1.铺装前先挑砖,一个墙面尽量选尺寸相近的。2.必须贴标准点,标准点要以靠尺能靠为准,每粘贴一行后应及时用靠尺横、竖靠直检查,及时校正;如接缝超过允许误差,应及时取下墙面瓷砖,进行返工

木工工程常见质量问题

高频率的使用 监工应用心

🔧 木工工程常见质量问题

木工工程常见的质量问题包括那些呢?

　　木工工程除了吊顶外,无论是门还是家具使用频率都非常高,如果材料检验不严格或监工不仔细,麻烦是无穷无尽的,例如门扇变形、闭合不严,甚至掉落,抽屉拉到一半卡住等,轻则为生活带来麻烦,重则会使人受伤。如果没有充足的时间监工,可以抽时间重点验收容易出质量问题的部分。木工工程按照使用部位划分为吊顶、家具及门窗、地板、窗帘盒四类,常见质量问题可参考下表:

吊顶常见质量问题		
质量问题	原因	处理办法
石膏板吊顶龙骨不做防火、防潮处理	主要原因是施工人员为了节省步骤故意不做,不按照规范操作	龙骨必须做防火、防潮处理,避免以后出现顶面开裂的情况。必须亲自监督涂刷过程,让施工人员按照施工要求处理龙骨
石膏板吊顶拱度不均	主要是由吊杆或吊筋螺栓的松紧不一造成的	可调整吊杆或吊筋螺栓的松紧,使龙骨拱度更均匀;如果吊杆被钉劈裂而使节点松动,需要更换新的的吊杆
石膏板吊顶面层变形	1.石膏板有的破损地方但未剔除。2.石膏板质量不佳干燥后收缩大。3.板缝处理不符合要求。4.吊杆间距或位置不正确	1.在封面时,须选用质量好、收缩率小的石膏板,去掉有破损的部分。2.板块之间预留缝隙应符合要求,并做V形处理。3.面板的位置应与副龙骨垂直,吊杆的间距一定要按照规范要求定位,并且不能安装在板块的缝隙处

质量问题	原因	处理办法
石膏板吊顶拼接处不平整	1.施工人员没有对主、次龙骨进行调整。2.固定螺栓的排列顺序不正确。3.多点同时固定	1.在主龙骨安装完毕后，及时检查是否平整，然后边安装边调试，一定要保证板面平整。2.在用螺栓固定罩面板时，正确顺序应该是从板的中间向四周固定，不能多点同时作业
石膏板吊顶面层开裂	1.多阶造型缝隙没有错位。2.龙骨骨架不平。3.板块之间的缝隙没有按照规范处理	1.遇到多阶造型的吊顶时，板块之间的缝隙应错位。2.做龙骨骨架时一定要先定位、画线然后再施工，过程中不断地调整平整度。3.板块之间的缝隙应使用嵌缝材料按照规范要求处理
石膏板吊顶塌落	1.吊杆布置不合理，导致吊顶变形甚至坍塌。2.吊杆与顶部连接不规范导致吊顶脱落	1.吊杆的定位应符合距离要求，不应大于1.2米。2.吊顶的吊杆不能与其他设备的吊杆混用；当吊杆遇到其他设备时，可酌情增加吊杆数量。3.吊杆与楼板连接必须规范、牢固
铝扣板顶面层变形	1.龙骨水平度差距太大。2.主次龙骨有不顺直、扭曲的情况。3.板材本身变形。4.灯具等直接安装在扣板上	1.龙骨问题如果过于严重必须返工，如果不严重，可以小范围做调整。2.在安装板材时应避免扭曲、硬扳板材或配件导致其变形，并按照顺序安装，不能硬插。3.灯具等不能直接安装在扣板上
门窗常见质量问题		
质量问题	原因	处理办法
门扇与框缝隙过大	1.施工人员安装门扇时刨修不准。2.门框与地面不垂直	1.可将门扇卸下刨修至与框吻合后重新安装。2.如门框不垂直，应在框板内垫片找直
门扇开关不顺畅	锁具安装不正确，锁舌与舍槽对位不准确	应将锁舌板卸下，用凿子修理舌槽，调整门框锁舌口位置后再安装上锁舌板

家装全能王

质量问题	原因	处理办法
推拉门窗滑动时不走直线	是上、下轨道或轨槽的中心线未在同一垂面内	应调整轨道位置,使上、下轨道或轨槽的中心线铅垂对准
门窗洞口侧面不垂直	没有垫木片进行找直	应返工垫入木片调节垂直度,靠尺测量无误后再装垫层板
表面有色差等缺陷	表面有色差、破损、腐斑、裂纹等缺陷,原因是饰面板质量不合格	必须通过更换饰面板来解决。选用的板材应符合规范要求,门窗套使用材料尽量与门扇用一批或选择色差小的,饰面板与木线条色差不能过大
敲击门套侧面板有空鼓声	底层未垫衬大芯板	应拆除面板后加垫大芯板

家具常见质量问题		
质量问题	原因	处理办法
开裂	1.所使用的木材含水率过高,干燥后收缩导致的。2.还有可能是施工人员手艺不精,一些拼接的地方处理不好。3.使用的胶黏剂质量差	1.制作家具选用的板材含水率一定要达标、胶类符合要求,这是避免开裂的最基本的保障。2.在涂装家具前验收时,发现拼接处理不当的地方要让施工人员及时返工
变形	常见于柜类家具的门及衣柜的横板和支撑板件上,1.因为木材质量不过关,2.因为收到重物的压制	1.如果在家里让木工现做家具,板材一定要选品质佳的,避免后期变形。2.不论是柜体上方还是隔板上,都不要摆放过重的物品
结构松动脱落	多见于家具结构连接处,原因多为连接得不牢固或使用不当长时间造成松动	完工后及时检查,发现不牢固让木工调整,在使用的时候要定期查看,若有松动要及时紧固,避免散架
表面划伤	1.木材的硬度很低,本身就容易划伤,面层漆膜的硬度也不高,导致划伤多是因为搬运过程不小心。2.平时保养时使用的工具表面过于粗糙	1.在搬运过程中要特别小心,避免磕碰。2.擦拭表面要用拧干的湿布,干布会与桌面的颗粒物摩擦损坏漆面

监工验收全能王

木地板常见质量问题		
质量问题	原因	处理办法
空鼓响声	1.衬板与龙骨之间、衬板与地板之间钉子数量少或连接的不牢固。2.胶液不合格。3.板材含水率变化引起收缩	1.安装前先验料，严格检验板材含水率及胶黏剂等辅料的质量。2.固定地板的钉子数量不能太少，并应确保钉牢，每安装完一块板，用脚踩检验无响声后再装下一块，如有响声应即刻返工
表面不平	1.基层不平。2.地板条变形起拱	1.在安装时龙骨需要找平，不平用垫木调整；为了避免变形龙骨上应做通风槽，板与墙面的缝隙应符合标准。2.龙骨层整体高度差不应大于1mm
拼缝不严	1.安装时施工人员没有按照规范操作。2.板材宽度尺寸的误差大及企口加工质量差	1.要认真检验地板质量。2.安装时，企口应平铺，在板前钉扒钉，用模块将地板缝隙模得一致后，再钉钉子
局部翘鼓	1.板子受潮变形。2.毛板拼缝太小或无缝。3.使用中水管漏水泡湿地板	1.安装衬板时留3mm缝隙，木龙骨做通风槽。2.地板铺装后，如需涂刷地板漆，应保证漆膜完整。3.日常使用中要防止水流入地板下部，要及时清理面层的积水

窗帘盒常见质量问题		
质量问题	原因	处理办法
松动	1.制作时榫眼不牢固。2.同墙面、顶面连结不牢固	1.应卸下窗帘盒，调整牢固后重新安装。2.若与墙面、顶面连接不牢固，应将螺丝钉进一步拧紧，或增加固定点
位置不正	安装时没有进行定位，使两端高低差和侧向位置安装差超过允许偏差	将窗帘盒拆下，按施工要求弹线后重装

油漆工程常见质量问题
监工不严 影响整体美观

 油漆工程常见质量问题

油漆工程常见的质量问题包括那些呢？

油漆工程是整个家庭装修最后的涂装工程，好的油漆工能够凭借技术掩盖木工遗留的一些缺陷，而如果油漆工的技术不过关，所做的成品则只能远观。墙面、家具可以说是占据家庭环境最大面积的部位，质量的好坏便显得尤为重要。油漆工程可以分为家具、门窗类的清油、混油以及墙面墙漆、墙纸裱糊几部分，油漆工程有一些常见的质量问题，了解其形成原因才能够更好地预防，详细内容可参考下表：

清油涂刷常见质量问题		
质量问题	原因	处理办法
流坠	1.涂料黏度过低。2.油刷蘸油过多。3.喷嘴口径太大。4.稀释剂选用不当	等待漆膜干透后，用水砂纸将漆膜打磨平滑后，再涂刷一遍面漆
刷纹	1.涂料黏度过大。2.涂刷时未顺木纹方向顺刷。3.使用油刷过小。4.刷毛过硬及刷毛不齐	用水砂纸轻轻打磨漆面，使漆面平整后，再涂刷一遍面漆
皱纹	1.涂刷时或涂刷后，漆膜遇高温、高热或太阳暴晒，表层干燥收缩而里层未干。2.漆膜过厚	出现皱纹后，应待漆膜干透后用水砂纸打磨，重新涂刷
针孔	1.涂料黏度大。2.施工现场温度过低。3.涂刷时产生气泡。4.涂料中有杂质	1.应根据气候条件购买合适的清漆，避免在低温、大风天施工。2.清漆黏度不宜过大，加入稀释剂搅拌后应停一段时间再用

145

质量问题	原因	处理办法
失光	1.施工时空气中的湿度过大。2.涂料未干时遇烟熏。3.基层处理油污不彻底	可用远红外线照射，或薄涂一层加有防潮剂的涂料
漆膜没有光泽	1.未上底漆。2.上一遍油漆未干透就涂刷下一层。3.面漆质量不佳。4.气温过低	用干湿两用砂纸将漆膜去除，擦干后重新上漆
断裂	1.油漆质量差。2.油漆刷得太厚	1.断裂范围大：用化学除漆剂或热风喷枪将漆去除，重新刷一次。2.断裂范围小：用砂纸蘸水磨去油漆，打磨光滑后重新抹腻子，刷底漆再刷面积
起泡	1.若泡内有水，说明基层潮湿。2.泡中无水说明木材开裂	1.有水：用化学除漆剂或热风喷枪将起泡漆去除，等木材干燥后，重新刷一次。2.无水：先挂掉漆皮，用树脂填平裂纹，再重新上漆
漆膜粗糙	1.油漆质量差。2.施工环境中灰尘大。3.工具不整洁	1.选择质量好的油漆，使用整洁的工具。2.保证作业环境整洁。3.可用水砂纸将漆膜打磨光滑，进行处理，然后再涂刷一遍面层清漆

混油涂刷常见质量问题		
质量问题	原因	处理办法
起泡	1.木材含水率高或木材本身含有油脂。2.施工环境温度过高、木材表层干燥而内层未干就涂刷下一遍油漆	1.要保证木材干燥并完全除去木材中的油脂，操作时要等上一层涂层完全干燥后再涂刷下一遍。2.铲除气泡、清理底层，待干燥后涂刷108胶，披刮腻子，腻子干后涂刷面层进行修复
渗色	1.木材中的染料、木脂渗透。2.底层颜色比面层深	1.在施工中，面层颜色应比底层深，木材中节疤等染料、木脂高的部位，必须用漆片封固。2.先打磨漆膜，然后再涂刷一遍面漆进行修理
干得慢	1.室内通风不佳。2.基层过于油腻	1.气温合适的时候开窗通风。2.用化学除漆剂去除油漆，擦干基层重新上漆

家装全能王

乳胶漆涂刷常见质量问题		
质量问题	原因	处理办法
起泡	1.基层处理不当。2.涂层过厚	1.涂料在使用前应搅拌均匀。2.可在涂刷前在底腻子层上刷一遍建筑胶水。3.将起泡脱皮处清理干净，先刷建筑胶水后再进行修补
泛碱掉粉	1.基层未干燥就潮湿施工。2.未刷封固底漆。3.涂料过稀	应返工重涂，将已涂刷的材料清除，待基层干透后再施工。施工中必须用封固底漆先刷一遍，面漆的稠度要合适，白色墙面应稍稠些
流坠	1.涂料黏度过低，加水过多。2.涂层太厚	等漆膜干燥后用细砂纸打磨，清理饰面后再涂刷一遍面漆
透底	1.涂料过稀。2.次数不够。3.材料质量差	1.选择含固量高、遮盖力强的产品。2.增加面漆的涂刷次数，以达到墙面要求的涂刷标准
涂层不平滑	1.漆液有杂质。2.漆液过稠。3.乳胶漆质量差	1.最后一遍面漆涂刷前，漆液应过滤后使用。2.漆液不能过稠。3.用细砂纸打磨光滑后，再涂刷一遍面漆做修理
发霉	1.上一层买有干透就涂刷了下一层。2.入住后室内潮气过大	用杀霉菌的杀菌剂喷涂漆面，将表面清理干净，重新涂刷
污斑	1.墙内水管渗漏。2.用钢丝球刷过墙面	将漆去除，刷一层带有铝粉的底漆，再重新上漆
裱糊墙纸常见质量问题		
质量问题	原因	处理办法
腻子翻皮、裂纹、有疙瘩、透底、咬色	基层腻子没有处理好	1.施工时应注意腻子的黏度，如过稀，可以加适量的胶液调和。2.应进行返工，按标准要求重新施工

质量问题	原因	处理办法
死裙	1.材料质量不好。2.出现裙皱时，没有顺平就赶压刮平	1.施工时要用手将墙纸或墙布舒展平整后才能进行赶压。2.出现裙皱时，必须将墙纸或墙布轻轻揭起，再慢慢推平，待裙皱消失后再赶压平整。3.出现死裙时，材料未干时可揭起重粘，如已干则撕下墙纸或墙布，基层处理合格后重新裱糊
翘边	1.基层处理不干净。2.选择胶黏剂黏度差。3.在阳角处甩缝等	1.基层检验合格后再开始裱糊。2.选用与产品配套的专用胶黏剂。3.阳角处应裹过20mm以上。4.基层处理不当的，重新清理基层，补刷胶黏剂粘牢。5.胶液黏性小，可更换黏性强的胶黏剂。5.发生较大范围的翘边，应撕掉重新裱糊
气泡	1.胶液涂刷不均匀。2.裱糊时未赶出气泡	1.施工时可在刷胶后再用刮板刮一遍，以避免出现刷胶不均匀的情况。2.上墙后出现气泡需用刮板由里向外赶抹，将气泡和多余胶液赶出。3.如在使用中发现气泡，可用注射器注入胶液后压平
离缝或亏纸	1.裁纸尺寸测量不准。2.墙纸或墙布粘贴时不垂直	1.裁割壁纸前应反复核对墙面尺寸，裁割时要留10~30mm余量。2.必须由拼缝处横向向外赶压胶液，不得斜向或由两侧向中间赶压，每被贴2~3张后，就应用吊锤在接缝处检查垂直度，及时纠偏。3.发生轻微离缝或亏纸，可用同色乳胶漆描补或用相同的材料搭茬粘补，如离缝或亏纸较严重，则应撕掉重裱
表面不干净	1.施工人员手部或工具不干净。2.墙纸受到胶液污染	1.施工人员在施工时应人手一条干净毛巾，随时擦去多余胶液，手和工具都应保持清洁。2.如发生胶液污染，应用清洁剂及时擦净

七、容易遗忘的验收项目

　　做好如木工、油漆工、瓦工等大项目的验收后，很多业主对后期的灯具、洁具安装根本不会验收，或者草草地看一眼就完事。这些容易被人遗忘的验收项目恰恰与生活息息相关，不仔细验收很可能出现吊灯变"掉灯"、马桶不停地漏水、洗澡洗到一半浴霸失灵等让人抓狂甚至危害健康的事情。这些项目都包括哪些呢？

图解容易遗忘的验收项目

1.灯具的验收

2.五金件的安装验收

3.浴缸的验收

4.面盆的验收

5.坐便器的验收

6.淋浴房的验收

7.排风扇的验收

8.浴霸的验收

9.燃气、暖气的验收

灯具的验收

不能忽略的安全问题

灯具安装验收难题解疑

1.我家买的水晶吊灯，怎么安装才能保证绝对安全？解答见P150
2.安装灯具的规范操作是什么？解答见P152

家用灯具的种类 ✿

　　家庭中常用的灯具有：吊灯、射灯、壁灯、筒灯、灯带、台灯等。除了台灯外，其他几种都需要电工来安装。

谨防吊灯变"掉灯" ✿

　　基本上每个家庭都会选择一些漂亮的吊灯来装饰客厅或餐厅，吊灯的材质多样，造型多变很受人们的喜爱。大多数吊灯的重量都比其他几种灯具的大，安装时对施工要求也更严格，一旦施工工人不按照规范操作吊灯很可能会变成"掉灯"，使人身受到伤害。所以安装吊灯时业主应提起重视，一定要严格监工。

吊灯的监工重点 ✿

　　在安装吊灯时，不管是购买的什么材料的灯具，安装时必须要让施工人员在房顶做好灯具支架，将灯具直接固定在天花上。尤其是重量超过3kg的大型灯具不能直接挂在龙骨上，很容易坠落。

吊灯材料的选择 ✿

　　市面上的灯具款式繁多，吊顶并不一定要选水晶灯，结合自家的面积来选择更佳。如果空间的面积不大，不要选择大型的吊顶，可以选择木质或皮质的吊灯，能够增加安全性，即使吊灯因为安装不到位而掉落，也不会过于伤害人。

家装全能王

卫生间的灯要防水 ✿

卫生间内如果安装吸顶灯，需要选择具有防水功能的，若不防水，很容易漏电且灯泡会经常坏还容易碎裂。

如果安装的灯具重量很小，可以直接安装在扣板吊顶上，若重量大则同客厅一样，不能直接安装在吊顶上。

壁灯不与壁纸同在 ✿

壁灯不会占用家具上的空间，很适合用在卧室或者客厅墙面上，如果家里选择安装壁灯，需要注意壁灯所在的墙面最好不要选择壁纸为主材。

壁灯使用时间长了以后，会导致墙面局部变色，严重的时候会起火，壁纸非常易燃，会加速火势。如果一定要两者同在，可以选一些灯罩距离墙面较远的长臂款式或者带有灯罩的款式。

射灯要装变压器 ✿

很多业主喜欢射灯的装饰效果，在墙面或家具中会使用射灯，安装射灯的正确做法是一定要安装变压器，或者购买自带变压器的款式，防止电压不稳发生爆炸，然而实际上，很少有业主会注意到这一点。

▼ 如果墙面主材为壁纸，建议不要选择类似左图这种款式的壁灯，中图和右图的款式更安全。

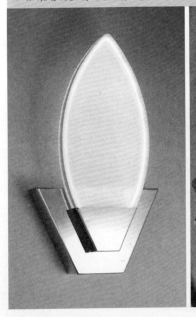

🔧 灯具的安装规范

安装灯具的规范操作内容有哪些？

灯具的安装规范与否直接关系到使用安全，不仅仅是存在掉落的危险，还可能会出现起火、漏电等情况，如射灯需要安装变压器，没有安装就会频繁地坏掉，很多人会认为是灯泡质量不好，其实都是由于安装不规范导致的。那么，安装灯具的规范操作是什么呢？详细内容可以参考下表：

条目序号	内容
①	灯具及配件应齐全，无机械损伤、变形、油漆剥落和灯罩破裂等缺陷
②	安装灯具的墙面、吊顶上的固定件的承载力应与灯具的重量相匹配
③	吊灯应装有挂线盒，每只挂线盒只可装一套吊灯
④	吊灯表面不能有接头，导线截面不应小于0.4mm²。重量超过1kg的灯具应设置吊链，重量超过3kg时，应采用预埋吊钩或螺栓方式固定
⑤	螺口灯头相线应接在中心触点的端子上，零线应接在螺纹的端子上，灯头的绝缘外壳应完整、无破损和漏电现象
⑥	固定花灯的吊钩，其直径不应小于灯具挂钩，且灯的直径不得小于6mm
⑦	采用钢管作为灯具的吊杆时，钢管内径不应小于10mm；钢管壁厚度不应小于1.5mm
⑧	以白炽灯作光源的吸顶灯具不能直接安装在可燃构件上；灯泡不能紧贴灯罩；当灯泡与绝缘台之间的距离小于5mm时，灯泡与绝缘台之间应采取隔热措施
⑨	软线吊灯的软线两端应做保护扣，两端芯线应搪锡
⑩	同一室内或场所成排安装的灯具，其中心线偏差不应大于5mm
⑪	灯具固定应牢固。每个灯具固定用的螺钉或螺栓不应少于2个

家装全能王

152

五金件的验收

使用频率高 质量很重要

五金件安装验收难题解疑

1.家装需要验收的五金件都包括哪些物品？ 解答见P153
2.对五金件的检验，重点包括哪些内容？ 解答见P154

五金件质量很重要 ✿

　　家装中的五金提起来感觉很不起眼，但却是生活中不可缺少的一部分，涵盖的范围非常广，使用频率高，如果质量不佳或者安装方式不当，很容易损坏。

种类繁多 ✿

　　家居生活离不开五金件的身影，概括地来说，家装五金件包括了锁具、拉手类、门窗类、卫浴类和厨房类五种，每一种里面还包括多种配件。

家用五金件的种类	
分类名称	具体配件名称
锁具	包括有：1.门锁。2.抽屉锁。3.玻璃橱窗锁。4.电子锁。5.链子锁。6.防盗锁
拉手类	包括有：1.抽屉拉手。2.柜门拉手。3.玻璃门拉手
门窗类	包括有：1.合页。2.铰链。3.滑轨。4.门吸。5.窗帘杆
卫浴类	包括有：1.龙头。2.花洒。3.挂件
厨房类	包括有：1.龙头。2.拉篮。3.水槽

五金件的检验应该从哪些方面入手呢？

家用五金件总体算起来种类太多，检验的时候可以按照经常使用的几个大分类进行检查，针对性更强，以免有落下的项目。那么，每一类的五金件具体都检验什么呢？详细内容可以下表作为参考：

项目名称	检验内容
锁具	1.锁具开槽是否准确、规范，大小与锁体、锁片一致。2.安装是否正确，有无反装。2.锁的两边安装是否对应、无错位。3.锁具安装是否牢固。4.使用是否灵活——能够顺利进行反锁与开锁的动作，开锁自如无异响。5.配件是否安装齐全。6.固定螺钉是否装全、平直
拉手类	1.检查拉手安装是否牢固。2.同一排拉手是否水平、同一列是否垂直。3.检查柜门或抽屉背面，看拉手的螺丝是否露出尖头。4.表面是否整洁，没有划伤
门窗类	合页、铰链：1.应垂直、平整。2.平口合页应于门扇、门套对应开槽，槽口应规范，大小与合页相同，三边允许公差为0.5mm。3.装好后应平整无缝隙。4.开启、关闭应灵活自如。5.固定螺钉应装全、平直，隐于合页或铰链平面 滑轨：1.门扇推拉是否轻盈灵活、没有异响。2.用手晃动门扇应牢固、无明显晃动。3.定位准确，不脱轨 门吸：1.安装在指定位置。2.安装牢固，固定螺钉均应装全、平直。3.能够完好地起到阻止门撞墙的作用。4.如果是墙吸，是否安装在墙上而不是踢脚板上 窗帘杆：1.固定是否牢固。2.与吊顶之间是否预留了一段距离
卫浴类	龙头：1.安装前是否有冲洗水管。2.出水是否顺畅、无阻碍。3.安装是否牢固、周边无渗漏。4.双温龙头的冷、热水管连接是否正确。5.是否有安装角阀 花洒：1.安装高度是否符合使用需求。2.安装是否牢固。3.出水是否顺畅。4.有无漏水现象 挂件：1.安装是否牢固、无晃动感。2.位置是否正确、符合使用需求。3.周围的砖是否有碎裂。4.挂件有无瑕疵或开裂

项目名称	检验内容
厨房类	**龙头：**1.是否安装稳固、锁紧螺母是否有拧紧。2.是否没有渗水现象。3.位置是否与水槽垂直，没有歪斜
	拉篮：1.安装是否牢固。2.推拉是否顺畅、无阻碍。3.配件是否安装齐全
	水槽：1.软管与水盆、软管与下水道管之间的连接处是否有进行密封，之间连接是否牢固。2.水盆周边密封是否得当。3.进水、排水是否顺畅。4.有无渗水情况。5.配件是否安装齐全

图解家装需要验收的五金件

门窗类

卫浴类

厨房类

监工验收全能王

浴缸的验收

不同款式 不同安装

浴缸安装验收难题解疑

1. 浴缸一共有几种？独立式浴缸（猫脚浴缸）属于哪一类别？解答见P156
2. 安装嵌入式浴缸的重点监理部分是什么？完工验收哪些方面？解答见P157

浴缸的两种形式

浴缸的安装方法与其造型有关系，市面上的浴缸可以分为独立式浴缸和嵌入式浴缸两种。

可以直接搁置在浴室地面上的款式是独立式，它施工方便，容易检修，可以最后安装。

嵌入式是将浴缸全部嵌入或部分嵌入到台面中，通常是先砌台贴砖，之后再安装浴缸，需要先清楚浴缸的尺寸。

独立式浴缸安装

独立式浴缸进、出水口的安装是重点。组装好配件后，将浴缸放到预装位置上，测量、调节到完全水平。连接上下水，在浴缸里注水，检查下水是否渗漏。若无渗漏，将排水管连接屋内下水管上用胶密封住，可避免上返异味。

▼ 独立式浴缸安装简单、检修容易，但进出不方便，不适合老年人使用。

安装嵌入式浴缸的注意事项

嵌入式浴缸安装的监工过程中有哪些事项需要特别注意？

安装嵌入式浴缸要考虑到承重、防水、维修、美观、实用性能等各方面因素，这种做法维修比独立式浴缸要麻烦一些，但如果有老人，很适合选择嵌入式，进出方便，更安全，装饰效果也更整体。安装嵌入式浴缸，在进行监工时，有以下几点需要特别注意：

▼嵌入式浴缸与浴室内环境搭配更具整体感。

条目序号	内容
①	需要先做防水，一定要做闭水试验，保证无渗漏再进行下一步
②	安放浴缸时，下水口一端要略低于另一端。靠外的一端要略低于靠内的一端
③	包裹浴缸的整个台子部分要有足够的支撑力，周围的沙要压紧压实
④	浴缸底部不要使用硬物支撑，直接底部垫沙子，可以避免损坏釉面
⑤	浴缸底部及四周边角要与台面接触全面、受力均匀
⑥	溢流管和排水管的接头处应连接紧密
⑦	为了维修方便，下水部位要预留检修口。可以用胶水在检修口上贴瓷砖，检修时取下瓷砖即可
⑧	在与浴缸接触的墙壁上打上玻璃胶，能够有效防止底部潮湿，可以有效延长浴缸的使用寿命
⑨	安装结束后重点验收浴缸的安装是否牢固；浴缸表面有无划伤；排水顺畅没有阻力；各连接处有无渗漏情况

监工验收全能王

面盆的验收

高度和光洁度都重要

面盆安装验收难题解疑

1. 洗脸的时候水总是溅到身上，是安装的原因么？ 解答见P158
2. 安装面盆的监理和验收重点分别是什么？ 解答见P160

面盆的两种形式 ✿

面盆按照安装方式的不同，可以分为两种形式：一种是独立式，例如立柱盆；另一种是台式盆，例如柜盆、台盆等。

独立式通常占据空间小，但下方没有储物空间，可配置镜箱置物。台式盆长度最少也要60cm，台上台下均能置物。

安装要注意高度 ✿

不管哪一种款式，池面离地高度都应在80～85cm范围内，这个高度洗漱会感觉非常舒适，弯腰角度合适，符合人体工程学。具体高度应根据使用者的身高再具体制定。

监工秘笈支招

039 面盆为什么会向外溅水

在使用面盆时，有的会出现水流溅出到台面上或者身上的情况，这并不是安装方面的问题，而是龙头出水强度与面盆深度不符。

在选择龙头的时候，应结合面盆的深度进行选择，若面盆很浅，就选择出水比较缓和的款式；如果面盆够深，选择水流快且冲的才不会有水溅出。

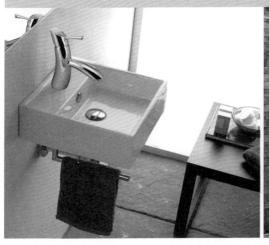

台下盆需工厂开孔 ✿

台式盆可分为台上盆和台下盆两种类型，台下盆需要在台面上开孔，将面盆放入孔内。开孔建议购买柜子或台面的时候让厂家直接开孔，厂家的技术比较成熟，比现场开孔节省时间且工艺更佳。

台上盆清理麻烦 ✿

台下盆的安装较麻烦一些，如果工人技术不过关，可能要来回往复好几次了才能够安装好。但从卫生性来说，台下盆要优于台上盆。台上盆虽然不易清理，但有很多艺术款式，装饰效果更好。

▼ 左图为台下盆，比右图的台上盆整体感觉更舒适，且很好打扫，但安装前一定要对尺寸心中有数。

面盆的安装规范

安装面盆有什么规范要求么？

面盆是卫浴间中不可缺少的洁具，挑选喜爱的款式后，想要发挥它的美观性和实用性，安装是关键。根据面盆的安装规范要求去进行监工，能够更好地把握整体的质量，比安装后验收要更可靠。那么面盆的安装规范有哪些呢？可以将下表作为参考：

条目序号	内容
①	面盆到位后，应先检查配件是否齐全，款式是否正确
②	面盆的表面应整洁、干净，没有任何破损和划伤
③	排水栓的溢流孔直径不应小于8mm
④	安装立柱式面盆应该选择固定在强度高的墙面上，采用膨胀螺钉进行固定，不宜拧得过松，会晃动，也不宜拧得过紧，容易损坏
⑤	面盆的溢流孔应对准排水栓，以保证溢流部位畅通
⑥	如果墙面为多孔砖，不能用膨胀螺栓固定面盆支架
⑦	面盆和排水管的连接应牢固，但不能过紧，要方便拆卸
⑧	下水管一定要有S弯，否则很容易上返异味
⑨	水位到达防溢孔后，必须能够顺利的排除
⑩	面盆或台面与墙面之间的缝隙应用硅膏或玻璃胶填实，可以让面盆更牢固，并防止细菌滋生
⑪	结束安装后，龙头出水、下水口排水应顺畅、无阻碍
⑫	面盆安装应平稳牢固；接缝处理严密；配件完好无划伤；高度符合要求

坐便器的验收

应安装稳固 无渗漏

坐便器安装验收难题解疑

1.坐便器有很多孔距，如30cm、40cm等，应该怎么挑选？解答见P161
2.安装坐便器在监工时有哪些问题是需要特别注意的？解答见P163

选坐便器注意孔距 ✿

选坐便器首先应测量坐便器的排污管中心点到墙边的孔距，只有弄清楚这个距离，再去挑选合适的款式，才能够避免退换马桶产生的附加费用。

坐便器的两个类别 ✿

坐便器分为直冲式和虹吸式两种，前者用水量大不容易堵塞；后者省水量冲水噪声小，比直冲式容易堵塞，价格多样，高档马桶多为此类。

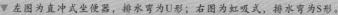
▼左图为直冲式坐便器，排水弯为U形；右图为虹吸式，排水弯为S形。

到货先验收

不要将坐便器的安装交给安装工人后什么都不管，收到货以后首先要自己核对一下型号是否正确，配件是否齐全，有无损伤，然后阅读一下说明书，看有无特殊安装要求，之后再监督施工人员安装。

排污管不能有垃圾

坐便器预留的排污管口径非常粗，如果没有封口，很容易掉落东西进去，在安装坐便器之前应先对排污管道进行检查，看管道内是否有泥沙、废纸等杂物堵塞。

裁切排污管

排污管口通常都会预留得长一些，安装前应根据坐便器的尺寸，将长出的部分裁切掉，高出地面2~5mm最佳。

检查地面水平度

检查排污管后，用水平尺或水平仪测量一下坐便器周边地面的水平度，如果水平度相差超出标准，则需要先对地面进行找平。

安装水箱前先放水

将水箱的进水管与墙壁预留供水管相接之前，先放水3~5分钟冲洗供水管道，将管道内的杂质冲洗干净之后再安装角阀和连接软管。

出水口加法兰

坐便器的出水口一般厂家会配有法兰用于密封，安装时一定要将其固定好；如果没有法兰，可用玻璃胶(油灰)或水泥砂浆（1：3）来代替。

注意管道连接

如果不小心将热水管连接到坐便器水箱上，不仅容易损伤坐便器水箱配件，如果家里使用燃气热水器，每次冲水，热水器都会点火。

安装完成先冲水

安装完成后，先要试一下坐便器的冲水效果。可以找一个烟头扔到坐便器中，按动冲水开关，如果能一下子就冲下去，并且声响不大，说明没有问题。

坐便器的安装规范

安装坐便器有什么规范要求吗？

坐便器是每个家庭中必备的洁具之一，主要作用是处理污物，如果安装不牢固或不正确，导致排污时漏水，每次都要人工清理，还会为卫生间带来异味，不利于身体健康。坐便器的安装看上去很简单，却有其规范要求，按照规范来监工事半功倍。内容可参考下表：

条目序号	内容
①	密封坐便器出水口不能使用单独的水泥来密封，时间一长水泥膨胀会导致坐便器开裂
②	坐便器安装后应等到玻璃胶（油灰）或水泥砂浆固化后方可放水使用，通常为24小时
③	坐便器安装完成后，应使用透明密封胶将底座与地面相接处封住，可以把卫生间局部积水挡在坐便器的外围
④	安装完成后应检查确认进水阀进水及密封正常，排水阀安装位置灵活、无卡阻及渗漏，进水阀过滤装置应安装到位
⑤	坐便器就位后要求进水无渗漏、水位正确、冲刷畅通、开关灵活、盖稳固
⑥	智能坐便器需要连接电源，安装的时候注意连体坐便器的进水管口、出水口与墙壁间的距离、固定螺栓打孔的位置均不得有水管、电线经过
⑦	现在大多不使用地脚螺丝固定坐便器，如果坐便器上带有地脚螺丝的预留孔，一定要用玻璃胶将其封上，可避免返味
⑧	安装完成后打开角阀检查连接口有无渗漏、箱内自动阀启闭是否灵活
⑨	检查箱内水注满后水位高度与溢水管距离；用力摇晃坐便器，查看安装是否稳固无晃动
⑩	将厕纸团成一团放入坐便器内，边冲水边观察，检查各接口有无渗漏。连续冲放不少于三次，以排放流畅、各接口无渗漏为合格

淋浴房的验收

对安装技术要求高

淋浴房安装验收难题解疑

1.淋浴房有几种形式？各适合什么样的卫浴间？解答见P164
2.淋浴房安装完毕后，都需要验收哪些项目？解答见P166

了解安装程序 ✿

　　淋浴房能够阻挡洗澡水四处喷溅，保证卫生间内的卫生，使卫生清理变得更容易，基本上成为了家庭必备的设备。

　　现在淋浴房多为商家上门测量尺寸而后一条龙包安装，并且有完善的售后服务，可以让人放心地使用。作为业主来说，建议还是对安装步骤有一个详细的了解，进而更好地验收，防患于未然。

淋浴房的两种形式 ✿

　　淋浴房可以分为两种形式，一种就是集成式的淋浴房，门关闭后成封闭式，一般内部为水柱式按摩设计。

　　另一种是淋浴屏，是用玻璃将淋浴区隔离出来，实现卫浴间内的干湿分离。内部正常地安装自己配置的花洒等五金件。

淋浴屏更实用 ✿

　　淋浴房的尺寸通常都是固定的，关闭起来以后做诸如伸胳膊等动作会感觉很憋屈，打扫起来比较麻烦一些，且适合面积比较宽敞的卫浴间，如果空间面积小会让人感觉十分憋闷。适合有按摩需要且卫浴间宽敞的家庭。

　　淋浴屏都是根据房间的形状而特别设计的，只要不是特别小的卫浴间都可以，一般不会出现使用不便的情况，且直接打扫墙面、地面即可，清洁上更方便。

▼ 左图淋浴屏，安装简单、清洁方便，可以根据房间形状定制；右图为淋浴房，功能较多，安装要复杂一些，容易存在卫生死角。

淋浴房安装步骤详解	
步骤名称	内容
安装底盆	先将底盆的各部分零件组合好，调节水平度，确保盆内、盆底无积水。用软管将盆底与地漏连接，要求连接牢固，可用胶密封接缝
试下水	装好后先对下水管进行测试，确认排水顺畅后再进行下一步
安装铝材	用铅笔、水平尺确定靠墙铝材的钻孔位，用冲击钻打孔。在钻孔处敲入胶粒，用螺丝将铝条锁于墙壁
固定玻璃	将玻璃夹紧锁于底盆钻孔处，再用螺钉固定

步骤名称	内容
安装顶管	在固定玻璃上方找到相应位置钻孔，安装固定座并接好顶管。用弯管套将其固定于玻璃顶端
安装置物架	将层板螺母安装在指定位置上，之后固定层板玻璃，注意需保持垂直和水平。注意在固定玻璃的铝材下做防水
安装活动门	先将五金件安装到位，合页装于固定门预留孔处。装好后调整合页的轴芯位置，感觉门推拉顺畅、手感无阻碍为止
做好防水	按照要求在玻璃的侧面或下方安装好吸条或挡水胶条。用硅胶将铝材与墙体、玻璃与底盆接缝处密封
调试、紧固	检查各部分是否使用舒适顺畅，发现问题应及时调整。调整好后旋紧相应螺钉，让整个淋浴房更加牢固
收尾工作	将装饰铝条卡入贴墙铝材内，保证其外观整洁大方。最后需用抹布将整个淋浴房擦拭干净

家装全能王

 监工秘笈支招

040 淋浴房安装验收重点

★核对尺寸：安装完成后，首先用卷尺测量一下尺寸，是否符合定制尺寸。

★检查垂直度：淋浴房两侧的上顶点和下顶点垂直误差应小于10mm。

★检查门：来回开关门，看是否开关顺畅、无噪音；活动门磁条闭合时吸力较强；门是否在自然开关状态下闭合完全。

★检查玻璃：玻璃的垂直允许误差为1~3cm，虽然允许误差，但经过良好的调试，除了使用时经过重力磕碰外，基本不会存在玻璃破碎的安全隐患。

★检查底部：淋浴房底部离石基边的距离应该一致。

★检查顶部：淋浴房活动门与固定玻璃顶部高度一致。

★检查细节：淋浴房安装完，所有的螺钉空位等均有装饰盖，固定玻璃底部和靠墙部分均有胶条保护。

★检查吸合：磁性门吸条间隙要匀称，启闭要灵活。应该顺滑，无杂声。

排风扇的验收

运转顺畅 才能使用

 排风扇的安装规范和验收重点

排风扇的安装规范和验收重点是什么？

　　排风扇主要的作用是排除室内的湿气、潮气，使空气保持干爽，最多被用于卫浴间内，如果吊顶不是集成式带有排风的，都建议安装排风扇。排风扇应尽量靠近异味或潮气容易产生的位置，这样工作效率最高。不宜装在淋浴部位正上方，否则产生气流使身体感到不适，且气温低时，热量损失大。那么排风扇的安装规范有哪些验收重点是什么呢？可参考下表：

项目名称	内容
安装	安装前先检查一下各个紧固件螺栓是否有松动或脱落，叶轮有无碰撞风罩
	安装时应注意水平位置，应与地基平面水平，安装后不可有倾斜现象
	排气扇安装必须可靠、牢固。
	与屋顶之间的距离必须达到0.05m以上，与地面应相距2.3m以上
	接线时，电源线中的黄绿双色线必须要接地
	固定后若有空隙，可用玻璃胶进行密封
验收	安装完成后，首先检查一下稳固性，用手搬动须没有晃动现象
	之后用手或杠杆拨动扇叶，检查是否有过紧或擦碰现象，有无妨碍转动的物品。无异常现象，方可进行试运转
	打开开关，如果运转中如出现异常声响应检查修复再使用

监工验收全能王

167

浴霸的验收

规范安装很重要

浴霸安装验收难题解疑

1.浴霸安装的最佳高度是几米？解答见P168
2.浴霸安装完毕后，都需要验收哪些项目？解答见P170

家装全能王

淋浴浴霸安装位置 ✿

为了取得最佳的取暖效果，浴霸应安装在人进行沐浴、面向花洒时，背部的后上方。

这样使浴霸除了能够对卫生间的空气进行加热之外，更能直接热辐射到人体背部。使沐浴时感到最冷的背部变得温暖。但浴霸不要装在人的头顶。

浴缸浴霸安装位置 ✿

如果家里洗澡用的是浴缸，浴霸应安装在浴盆两条对角线交叉的中心位置上，能够平均地让人温暖。如果卫生间面积大，除了浴霸的照明外，还可有另外的单独照明。

浴霸的安装高度 ✿

浴霸安装完毕后，灯泡离地面的高度应在2.1～2.3m之间，过高或过低都会影响使用效果。

吊顶预留浴霸口 ✿

浴霸的开孔尺寸有300mm×300mm和300mm×400mm的。在安装吊顶时，如果吊顶的规格是300mm×300mm或是300mm×600mm的铝扣板吊顶，空出一片300mm×300mm的扣板位置预留给浴霸就可以。

如果安装条形铝条板，应在安装扣板的时候就留好安装孔，在准备两根大于吊顶主龙骨跨度的龙骨，加固浴霸位置。

▼如果家里不是集成式吊顶，浴霸都需要单独安装，在吊顶时就要考虑好安装浴霸的相关事项。

出风口先预留 ✿

浴霸都自带换气扇，这就需要有一个出风口才能将室内空气排出。出风口的直径一般为10cm，应在吊顶前就先做好。

浴霸不宜过厚 ✿

在挑选浴霸的款式时一定要注意厚度，20cm左右最佳，不要选太厚的。

浴霸要安装在顶面上，且为了安装浴霸必须做吊顶，这样才能使浴霸的后半部分隐藏起来。从原顶面向下吊顶高度多为25～30cm，如果浴霸太厚，会给吊顶安装造成困难。

吊顶材料需注意 ✿

浴霸具有排风和取暖的作用，它是紧挨着吊顶安装的，所以对吊顶材料也有要求，需要强度较佳且不易共鸣的材料。现在卫浴间主要使用的铝扣板就能够满足这个要求，不太建议使用受热容易变形的PVC扣板。

浴霸的安装规范及验收

安装浴霸有什么规范要求，验收包括哪些内容？

浴霸如今是卫浴间取暖的主要设备，被越来越广泛地运用，特别在冬天没有暖气的南方，基本上成为了家庭装修的必备品，浴霸分为单独安装的和集成吊顶自带的两种，单独安装的一般重量较大，采用灯泡取暖，如果安装不好会存在隐患，所以要特别注意监工和验收。主要内容可参考下表：

项目名称	内容
安装	浴霸的功率可达3000W以上，因此，安装浴霸的电源配线必须是防水线，最好是不低于4平方毫米的多丝铜芯电线
	所有电源配线都要走塑料暗管镶在墙内，绝不许有明线设置
	浴霸电源控制开关必须是带防水10A以上容量的合格产品
	因通风管的长度为1.5m，在安装通风管时须考虑产品安装位置中心至通风孔的距离，请勿超过1.3m
	拆装红外线取暖泡时，手势要平稳，切忌用力过猛
	通风管的走向应保持笔直
	电线不应搁碰在箱体上
	为保持浴室美观，互连软线最好在装修前预埋在墙体内
	吊顶与原有屋顶之间的夹层空间距离不能少于220mm
验收	浴霸安装完成后通电试运行。检验功能开关是否工作正常，取暖效果是否明显，照明、换气是否正常，有无抖动及杂声。发现问题应立刻调试

集成式吊顶的验收

集成式吊顶的验收包括哪些内容？

集成式吊顶省事、省心，不用单独地去配置浴霸、排风、灯具等设备，它的好处是厂家比较有经验，直接由他们来安排安装，可以避免很多隐患。作为消费者来说，在安装完成后，还是需要精细地检验一下，以确保安全。检验的具体内容可参考下表：

条目序号	内容
①	查看边角线水平度是否良好，90°角是否无缝隙、无明显扭曲现象
②	查看扣板的整体平整性以及扣板相互之间的缝隙，目视其是否良好
③	检查浴霸、排风的固定点，是否在原有建筑定面上，而不是直接固定在吊顶上
④	丝杆之间的距离应符合安装标准，且应安装牢固，无松动现象
⑤	打开开关，观察一段时间，应在打开灯暖15秒后，能够有明显的热感
⑥	查看换气、取暖模块的位置是否合理，打开时是否没有明显的噪声
⑦	应在距风暖1.8~2m的中央位置能够感受到有热风

▼ 安装集成式吊顶无论是安装还是售后都比较省心，但比单独地安装浴霸和吊顶来说，价格要贵一些。

燃气改造验收

小心谨慎 安全至上

燃气改造验收难题解疑

1.据说专业改造很贵，请装修师傅改造燃气管道可以吗？解答见P172

2.改造燃气管道有哪些事项是需要特别注意的？解答见P173

尽量不要私自改动 ✿

盖房子的时候安装的煤气很可能不会满足业主对美观和使用方便的需求，就会想要改动煤气管线。需要注意的是，如果不是太大的问题，建议不要私自改动煤气管线。如果一定要改动，要请专业的煤气改装公司进行施工，才能保证使用安全。煤气一旦出现问题，不仅仅危害自家健康，还会连带邻居。

改造燃气正确流程 ✿

确定对燃气管道进行改动，首先需要向燃气公司提出改动管道的申请，对方收到申请后，会派工作人员进行现场的勘察，同意后再安排改造。

可以由燃气公司负责改造，也可以找具有专业证书的公司改造，安装完毕后，进行验收检查，合格再结算费用。

管道距离很重要 ✿

燃气管道不能像电线和水管一样埋在墙内，必须安装在墙外，以方便进行检修操作。

当燃气管道与其他管道相遇时，要保持一定的安全距离，水平平行铺设时，净距离不能小于15cm，竖直平行铺设时，净距离不能小于10cm，而且燃气管道要位于其他管道的外侧位置，管道交叉相遇时，之间的净距离不能小于5cm。

安全第一为原则 ✿

对燃气进行改造时，应尽量遵循安全第一、线路简练的原则，以实用为基础，美观性为辅助。

肥皂泡沫实验 ✿

燃气管道完成改造后，应进行实验检测改造后的安全性。

首先做肥皂泡沫试验，将燃气打开，用肥皂水涂抹在容易泄露的部位,如果能吹起泡就说明这块有破损在漏气。特别是计量表进出气口、自己加的延长管线和接口出等位置。

严密性实验 ✿

还应做严密性试验，试验压力为300mm水柱，3分钟内压力不下降为检测合格。

▼ 通常房产商安装的燃气表都在房间高度中间的位置，很多业主会改到橱柜地柜中。

监工秘笈支招

041 燃气管改造注意事项

★因特殊情况燃气管道必须穿越浴室、厕所和客厅时，管道应没有接口。

★燃具与电表、电器设备应错位设置，其水平净距不得小于500mm。

当无法错位时，应有隔热防护措施。燃具设置部位的墙面，为木质或其他易燃材料时，必须采取防火措施。

★在进行燃气改造时，计量表位置和入户进气管不要改动，燃气配件最好用质量好的，慎重考虑燃气阀。

★燃气管道应沿非燃材料墙面敷设。

★燃气表可以放在箱子里，但必须时刻保证通风，不能放在密封的柜子里。

★缩短用户自己的煤气管道是允许的。但必须由燃气集团的专业人员施工处理，绝不能让装修房子的工人擅自改装，那样很危险。

暖气改造验收
不同材料不能混搭

暖气改造验收难题解疑

1. 暖气改造有哪些常见的不规范操作？解答见P174
2. 想省点钱，客厅和卫生间用不同材质的暖气可以吗？解答见P175

改造不规范有危险 ✿

家庭装修中改造暖气管道已经成为常见现象，很多人不清楚的是，暖气改造与燃气改造一样，需要向有关部门申请，审核后才可以改造。如果改造不规范，往往会导致暖气片跑水、爆裂的情况，不仅影响自己供暖，也会影响楼上楼下。

应由专业人员施工 ✿

很多业主在装修时，让水管工负责改造暖气管道，并不查验其资格，这是错误的做法。改造暖气管道一定要让专业人员施工，且施工人员本人及其公司应具有从业资格资质。暖气改造后要试压、试水，装饰公司很难做到这一点。

暖气改造常见的不规范操作	
条目序号	具体配件名称
①	在改造过程中使用不合格的材料
②	施工人员操作不规范，暖气管道的接口处理不严密，造成跑水、爆裂
③	施工过程中没有采取过滤等措施，使管道水流被杂质堵塞，影响供暖效果

改造前先测量

在有关部门批准改造后，在装修前或者装修刚刚开始的时候需要改造公司上门进行测量设计，给出改造方案。

如果家里的暖气要移动位置，或者卫生间、厨房暖气需要走暗管，需要先开槽走管道，之后才能再做防水、铺砖。

最好不要改立管

在更换暖气片的施工中，一定要注意不能有漏水的地方。通常施工人员在更换暖气片时，会在管道上预留阀门。安装完毕要经过冲压试验，方可同原有暖气管连接。如果更改了立管的位置，施工就要到邻居家，非常不便。

暖气片的安装位置

想要暖气的散热达到最佳的采暖效果，应该将散热片安在外墙的窗下，若为落地窗可安装在窗与窗之间的墙上、靠外墙的地方，采暖效果都能够保证。

完工后要检测

所有暖气改造完成后要进行打压测试。往管道里注水，所有暖气改造完成后要进行打压测试。首先管道冲水排气，打压至0.8mpa(数分钟若掉压，应反复加压，稳压)。然后试压半小时，掉0.05mpa为合格。正常情况下半小时减少半个以内为正常。

监工秘笈支招

042 暖气材质要统一

★**管道材质要统一**：暖气管道的材料有两种，一种是PB管，一种是PP-R管，PB管的优点是比较抗冻，柔韧性好，同等低温情况下，PP-R管会变硬变脆，但PB管则不会。但并不是意味着PB好自己家就可以用它，而是要看原有管道用的什么材料，如果原来的暖气使用的PP-R管，只能继续使用PP-R管，两种管子不能混用。

★**散热器不能混用不同材质**：有的业主为了节省一部分资金，购买散热气的时候客厅、卧室用好的，而厨卫空间用质量一般的，并没有特别注意所选择产品的材质，很可能进行了混搭。如果将不同材质的散热片装在同一系统里，有可能使轻型散热器内表面出现损伤或破坏保护层，此外，由于设备变更，还存在运行失调的可能性，造成采暖隐患。

八、验收时需要带的工具

"工欲善其事，必先利其器"，验收是家装的一个重要部分，只靠双手和眼睛很难全面地验收各个项目，这时候各种不同的工具就可以发挥他们的作用。利用简单的工具去验收，能够更容易发现存在的问题，让施工方整修、维护自己的权利。

⚙ 家装验收需要带的工具

进行家装各工程的验收，都需要携带哪些工具呢？

借助一些常见的工具，能够更好的完成装修的各项验收。除了常见的卷尺、靠尺还需要什么，都用来检验哪些方面呢？可以将下表作为参考：

工具名称	图片	作用
卷尺		用来测量尺寸，例如房高，家具的宽度、高度等
靠尺		用于检测目标的垂直度、平整度和水平度
内外直角检测尺		用来检测墙边、门边等阴阳角是否为90°

工具名称	图片	作用
楔形游标塞尺		用来检测缝隙的大小,将塞尺头部插入缝隙中,插紧后退出,游码刻度就是缝隙大小。还可与靠尺搭配用来检测墙面的平整度
检测镜		用来检测人不能直接观察到的死角,例如门上沿部分的刷漆情况等
激光测距仪		利用激光来测量两点之间的距离,如墙的宽度、高度等,比卷尺更先进
小锤子		包括有钢针小锤(检测瓷砖、马赛克等砖类材料的空鼓率)、响鼓锤(检测抹灰的质量)和水电检测锤(利用敲击震动来检测水电管道的牢固程度)
伸缩杆		辅助工具,可以连接塞尺、检测镜等工具,伸展到人手够不到的位置
相位检测仪		检测插座的相线连接是否正确
电笔		检测插座等电施工是否通电

监工验收全能王

九、确定工程验收和保修在期

在装修每个需要验收的时段，业主应当按照工程设计合同约定和相应的质量标准进行验收。验收合格后，装修公司应当出具住宅室内装饰装修质量保修书，保修期自验收合格之日起计算。确认验收和保修期是业主应有的权利。

国家规定的保修期 ✿

建设部在发布的《住宅室内装饰装修管理办法》中对装修保修期做了一个强制性的规定："在正常使用条件下，住宅室内装饰装修工程的最低保修期限为二年，有防水要求的厨房、卫生间和外墙面的防渗漏为五年。"

验收后再使用 ✿

装修公司在竣工后，应书面通知业主验收，业主接到通知后，必须在合同约定的验收期内验收完毕，并于当天签署工程验收证明，未经验收提前使用，默认验收合格。进行验收时，因对方原因导致的质量问题须返工或修补时，双方应议定修补措施和期限，对方应在期限内完成。

合同里要备注 ✿

虽然是国家法律法规，但规定的项目并不是特别明确，如果在与装修公司签订合同时没有明确保修内容，也不利于后期的维权，建议在签定合同的时候明确指出保修项目的名称以及期限。

不要忘记签保修单 ✿

如购买电器一样，正规的装饰公司也会有保修单，在装修工程验收合格之后，不要忘记向对方索取装修质量保修单。

保修单上一般会标明装修工程的竣工日期、验收日期、保修日期、保修记录，以及一些具体装修问题的责任认定等内容。拿到保修单后，应妥善保存。注意因为人为原因造成的损坏，对方不保修。

十、四季装修的监工验收细节

如果所在的城市气候变化明显、四季鲜明，就意味着不同的季节温差会很大，这就会对装修质量有很大的影响。这时候就要求施工人员能够根据不同的季节特点采用不同的施工工艺，否则很容易造成非常多的质量问题。

⚙️ 需要特别注意的季节

都有哪些季节在装修时需要特别注意呢？

一年四季中，气温变化很明显，监工和验收有一些常见问题需要特别注意。

不同季节的监工、验收重点	
季节名称	内容
春季	比较潮湿，应注意控制木质材料的含水率；漆类应阴干
夏季	木料、油漆不能扎堆，容易爆炸、起火
	使用的材料如果质量不佳、有害物质超标，特别容易中毒
	如果遇到下雨天，尽量不要进行油工工程
秋季	天干物燥，重点预防木料类材料开裂
冬季	油漆工程需在室温10℃以上才能施工
	木制品需要预留足够的伸缩缝
	搅拌水泥应少用防冻剂
	开窗通风时间很关键

春季装修监工验收细节

较潮湿 注意干燥环节

🔧 春季装修监工、验收注意事项

在春季进行家庭装修有什么监工、验收事项需要注意呢？

春季空气湿度大，墙、地面、木质家具中所含的水分都比较多，重在控制材料的含水率，并采取措施降低空气的湿度，避免后面因为季节变换而导致开裂、变形等问题。

春季监工、验收注意事项	
条目序号	内容
①	挑选木料要严格，水分含量不能超标，不能有潮湿现象。码放木料时，地面可放防潮层，避免材料受潮
②	春季选购瓷砖，应注意购买含水量好、吸水率小的产品，在春季昼夜温差变化的情况下不容易出现裂纹。瓷类砖表面平滑细腻、有极佳的光泽，手感柔和
③	铺地板要预留足够的伸缩缝。避免后期因为温度变化膨胀而导致地面整体翘曲、变形

✏️ 监工秘笈支招

043 春季应去除霉味

春季大多数地区都很潮湿，家装过程中常会碰到涂料、油漆因为干得慢而使室内出现霉味的情况。对施工人员的身体有危害也不利于后期晾晒，如果有条件可以安装除湿设备抽走空气中的水分；家具不要关门，应保持通风。

完工后多摆放一些适合的绿色植物，或者柠檬、桔子、菠萝等，均可达到快速去味的效果。

家装全能王

夏季装修监工验收细节

防火防爆 安全要注意

夏季装修监工验收难题解疑

1. 夏季施工现场起火可能是什么原因？解答见P181

2. 夏季温度很高，怎么能够降低施工现场的安全隐患？解答见P182

夏季是施工旺季 ✿

因为气温比较稳定、季节时间比较长，无论是购买材料还是施工都比较容易，春季、夏季属于装修旺季。

二甲苯超标易燃 ✿

多数地区的夏季气温都非常高，在存放装饰材料的时候需要特别注意，尤其是油漆类。木器漆中含有很多化学成分，特别是二甲苯，普遍存在于漆类材料中，它的燃点很低，当空气中二甲苯的浓度超过一定界限时，遇到工具运转造成的火星或开拉电闸等动作，都可能会起火，造成严重的后果。

安全问题应重视 ✿

危害大家都知道，但是在实际操作中，仍然有很多施工人员为了使用方便会将材料堆积在一起，但没有安全意识，并没有对安全提起重视，平时可能还会在施工现场吸烟，埋下爆炸、火灾的隐患。

监工多跑工地 ✿

选择在夏季装修，如果有充足的时间，一定要勤跑工地，督促工人将施工后的木屑等易燃垃圾及时清除，避免一次性存放大量的木质材料。如果施工人员在施工现场居住，一定要严格杜绝使用"热得快"等没有安全保障的电器。

防火、防爆操作规范

为了降低隐患，防火、防爆有什么操作规范？

夏季气温偏高，为了避免起火、爆炸，施工时规范的操作更重要，监工方面一定要经常到现场，特别是气温非常高的几天，亲自督促的效果往往会比较好。

夏季装修防火、防爆规范操作内容	
条目序号	内容
①	木工工程全部清场结束后，再开始进行油工工程。避免木质材料和油漆类交叉，减少隐患
②	材料摆放应有序且放置在阴凉、通风的位置，绝对不能摆放在阳台等阳光充足的地方；不同类别的材料应分空间存放。不仅在开工之前要这样操作，每一次到场后，都要重点检查，避免在开工后施工人员忙起来而忘了遵守规范
③	通风很重要。环保材料并不是完全没有有害物，高温更利于有害物质的挥发，如果不经常通风使空气中的有害物堆积，材料遇火很容易燃烧，所以应及时的将有害物排出室外
④	施工现场禁止吸烟，在室外吸烟后应确认烟头被完全熄灭，并且不能随意丢弃
⑤	用电应注意规范、安全。不能随意地拉接线头，使用老旧的插座、电线等
⑥	为了保证安全，室内应备有灭火器，以应对突发状况

▼木工工程的木料垃圾应及时清出场外，在取放方便的地方摆放灭火器，以备不时之需。

夏季装修监工验收难题解疑

1. 夏季施工除了防火、防爆，还有什么安全隐患？ 解答见P183
2. 除了安全方面，夏季在施工方面有什么需要注意的？ 解答见P184

夏季施工谨防中毒 ✿

选择在夏季进行装修，由于材料中有害物的加速挥发，特别是在进行油漆施工时，除了重点防火、防爆外，还应防止施工人员中毒。漆类材料中的主要有害物质有苯、苯系物和甲醛等。

苯类物质是元凶 ✿

苯及苯系物是导致人体中毒的主要原因。漆类材料需要勾兑稀释剂，如果使用非水性漆，稀释剂里就含有苯类物质，人在短时间内吸入大量的苯系物，会引起中枢神经麻痹，严重的会昏迷甚至呼吸衰竭。

夏季装修防中毒规范操作内容	
条目序号	内容
①	购买材料时，漆类尽量选择水性漆，其他材料尽量选择无污染类型
②	施工现场一定要经常通风。若刷漆时遇到大风天气，施工人员多会关闭门窗施工，如果气温高、施工量大，很容易导致中毒现象
③	监督施工人员不要在封闭空间内停留太久时间，要经常出去换气。一旦天气变好，立刻开窗通风
④	若天气温度非常高而又不能开窗，施工时最好佩戴防护用具
⑤	很多时候，施工人员都会在施工现场居住，如果遇到高温天气，监督施工人员不要在漆类工程进行时居住在施工现场中，避免夜间中毒

雨天不宜刷漆

夏季除了高温天气外，还有闷热、潮湿的雨天。如果遇到雨天，正在进行的漆类工程就应该暂停。但如果遇到梅雨季，要防止施工人员为了赶工期，偷偷地施工。

雨天刷漆常见问题

雨天潮湿，涂料类工程无论是进行基层处理还是涂刷面层，都不容易干透，如果这时候赶工进行刷漆，就会导致面层起泡、出水、发霉甚至开裂。

木器漆也应避免在雨天施工，木制品很容易吸收水汽，如果基层很潮湿，刷漆会造成流坠、表面不光亮、色泽不均匀、泛白等现象。

漆类若赶工须注意

如果有特殊情况需要赶工，可以在涂料中加入一些滑石粉，用来吸收空气中的水分，加快干燥速度，但效果必然不如无添加、自然阴干的效果。

如果涂刷的是乳胶漆，所受天气影响不大，但需要注意应根据天气情况适当延长干燥时间。

壁纸应浸水

如果在裱糊的时候气温非常高且干燥，壁纸在粘贴前应放在水中浸透，然后再刷胶铺贴。可以避免因为高温迅速失水而发生收缩变形现象。

瓷砖要泡透

高温天气比其他时间更干燥，对于需要泡水处理才能使用的砖类材料，要适当延长浸泡时间，使水分接近饱和状态。

这样可以避免在粘接时由于瓷砖干燥而从水泥中吸水，从而发生与水泥粘接不牢固，出现空鼓、脱落现象。

地面缝隙应紧密

如果在夏季铺装木地板，缝隙应较其他季节中更加紧密一些，这是为了避免在气温降低时缝隙变大而影响美观。

地面缝隙应紧密

如果在夏季铺装木地板，缝隙应较其他季节中更加紧密一些，这是为了避免在气温降低时缝隙变大而影响美观。

秋季装修监工验收细节

气候干燥 重点防裂

秋季装修监工验收难题解疑

1.秋季干燥，施工应注意什么？解答见P185

2.发现木质家具完工后表面有裂纹，应该马上修补吗？解答见P185

气候干燥易开裂

秋季是一年之中气候最为干燥的季节，很容易使木料类的材料变得过于干燥，如果不能及时地进行保护，还可能会开裂。

木材类先刷底油

如果在秋季进行木工类施工，在木料进场后，先安排施工人员刷一层清油，以锁住木料中的水分，避免水分流失而出现裂纹。特别是一些饰面板和木线，一定要封油处理。尤其应注意，即使在材料加工完成后，也应尽快封油。虽然施工增加了程序，却能够大大降低木料开裂概率。

监督工人安放材料

木质类材料进场后，一定要亲自监督施工人员将其安放在可以避免被风直吹的地方，避免风吹加速水分蒸发，而导致裂纹的产生。

开裂不要急于修补

如果发现完工后的木质家具、门窗套等有开裂现象，不要急于修补。在秋季没有过去的时候进行修补，很可能会因为木料的水分继续流失而再次开裂。最好等到比较潮湿的春节再进行修补，经过了冬季木料的性能趋于稳定，再进行修补效果会更好。

冬季装修监工验收细节

气温低 尽量少开窗

冬季装修监工验收难题解疑

1. 在冬季进行家庭装修，最受影响的是哪几个工序？解答见P186
2. 怎么降低室温低对施工造成的影响呢？解答见P187、188

控制室温是关键 ✿

    冬季室外的气温比较低，在低温的情况下，漆类中的化工原料的性能易发生改变，影响涂装效果。在冬季涂刷漆类时应注意控制室温，不应小于10℃，否则材料的黏稠度增加，施工人员为了施工方便会加大稀释剂的用量，导致漆膜的光泽度、丰满度下降，严重的会开裂。

尽量少开窗 ✿

    在施工结束后，监督工人尽量少开窗通风。虽然通风能够加速漆类中的有害物质挥发并促使漆膜干燥，但冬季室外温度过低，如果室内外温差大，会使涂料等材料变色甚至粉化。当低于零度时，还会使水性漆上冻，等气温升高后，导致墙面变色、出现裂缝。

 监工秘笈支招

044 选择适合冬季的漆类

    如果所在地区冬季室内温度非常低，可以选择有些品牌为冬季涂装特用设计的产品，它干得会快一些，减小温度对材料的影响力。

    调和好的漆类材料放置的时间不宜过长，时间越长光泽感越低。

冬季漆类施工注意事项	
条目序号	内容
①	做墙面基层处理时，第一遍的腻子不能刮得太厚，等第一遍干透后再刮第二遍
②	刮腻子、贴瓷砖、抹灰等作业如果受冻容易出现空鼓，因此，保证室温稳定在10℃以上很重要。应关紧门窗，避免温度产生变化
③	冬季存放漆类材料的原则与夏季相反，应放在阳光充足、温度较高的位置，避开阳台低温房间。施工最佳时间为10：00～17：00

冬季装修，木制品应留足伸缩缝

冬季装修，木工施工和验收有什么需要注意？

冬季施工除了漆类施工外，木工施工也需要特别注意，木料属于天然材料，具有热胀冷缩的特点，无论是存储还是施工都有一些要特别注意的事项。

冬季装修，木工施工和验收注意事项	
条目序号	内容
①	木料到场后，在有采暖设施的室内应放置5天左右，使木材的含水率稳定在室内湿度水平，避免变形、开裂
②	如果地面铺设木地板一定要注意在墙边留出8～10cm的伸缩缝，为板材的热胀冷缩预留足够的空间，以免互相挤压导致变形
③	不仅是地板，所有的木制品施工时，如果是冬季，都需要特别注意缝隙。包括木质门、床
④	在木工施工结束后、油漆开始前，因为有采暖设备，如果有开裂或者翘起的情况会很快显现出来，应及时修补

拌水泥少用防冻剂 ✿

冬季的低温对需要用水搅拌的材料来说，是一个致命打击。例如铺砖必须使用的水泥砂浆，气温过低就会结冰，很难进行搅拌或搅拌均匀。有的施工人员为了使施工顺利进行，就会在其中加入防冻剂。

防冻剂的主要成分是亚硝酸盐，对人体有害，摄入过量会中毒，因此，业主应注意尽量监督施工人员不要在水泥砂浆里搅拌防冻剂。

搅拌砂浆注意保温 ✿

在冬季遇到使用水泥的情况，一定要避免在户外施工，且注意保温。如果室温不低于0℃，通常不会上冻。若室温太低，可以采取一些措施进行人工升温，保证泥瓦施工顺利进行。

通风时间有讲究 ✿

在冬季完全不通风或者通风时间太长都是不对的。正确的通风能够将室内堆积的有害物质排出室外，且不会因为温度而影响室内装修成果。

通风时间建议自己到场监工，时间以中午为宜，每天通风2小时，时间不能太长；如果遇到天气不好的时候，更要短一些，1小时左右就可以。

窗不能打开太大 ✿

进行通风时，窗户不建议完全敞开，小角度打开使空气流通即可，如果角度太大而使风直对墙面或木制品，也容易造成质量问题。如果觉得室内污染严重，可以选择一段时间停工，例如春节，等节日过后再开工，有利于水分及有害物的挥发。

监工秘笈支招

045 冬季验收可选中午

冬季的白天时间很短，当一个项目完工后需要验收，最好将验收时间定为自然光线最为充足的中午。

很多工序在自然光下检验，能够呈现出更舒适的效果，而灯光下比较失真，光线过于集中，类似瓷砖的光滑材料，在不同角度呈现不同色彩，很容易将很多问题错看为质量问题。

家装全能王